Kobenan Etienne BINI
Augustin Tiyégbo TOURE
Kouadio Eugène KONAN

# Problemas geomorfológicos nas terras baixas desenvolvidas fora das barragens

Kobenan Etienne BINI
Augustin Tiyégbo TOURE
Kouadio Eugène KONAN

# Problemas geomorfológicos nas terras baixas desenvolvidas fora das barragens

## Estratégias de adaptação dos agricultores em Katiola, Costa do Marfim

ScienciaScripts

**Imprint**
Any brand names and product names mentioned in this book are subject to trademark, brand or patent protection and are trademarks or registered trademarks of their respective holders. The use of brand names, product names, common names, trade names, product descriptions etc. even without a particular marking in this work is in no way to be construed to mean that such names may be regarded as unrestricted in respect of trademark and brand protection legislation and could thus be used by anyone.

Cover image: www.ingimage.com

This book is a translation from the original published under ISBN 978-620-6-70659-5.

Publisher:
Sciencia Scripts
is a trademark of
Dodo Books Indian Ocean Ltd. and OmniScriptum S.R.L publishing group

120 High Road, East Finchley, London, N2 9ED, United Kingdom
Str. Armeneasca 28/1, office 1, Chisinau MD-2012, Republic of Moldova, Europe
Printed at: see last page
**ISBN: 978-620-8-15910-8**

Conteúdo

DEDICAÇÃO

***Este trabalho é dedicado à minha família***

# PREÂMBULO

Apresentada como uma ciência complexa, a geografia ocupa-se do estudo dos fenómenos físicos, biológicos e humanos situados na superfície terrestre. Interessa-se, portanto, pela sua distribuição, pelos factores que os organizam e pelas forças que os regem, bem como pelas suas relações recíprocas. A geografia física, ramo da investigação geográfica, estuda os fundamentos físicos do meio ambiente. No seu campo de reflexão crítica, serve para compreender melhor a estrutura e o funcionamento dos fenómenos naturais e os processos que moldam e influenciam a paisagem. Com base nas explicações que fornece, é possível apresentar propostas concretas para melhorar o ambiente de vida e de trabalho da sociedade, nomeadamente ao nível de uma comunidade rural local.

Em geral, as comunidades rurais nos trópicos caracterizam-se por várias formas de vulnerabilidade aos riscos naturais. Estes riscos assumem a forma de constrangimentos permanentes ou recorrentes que não podem ser ultrapassados pelo baixo nível de tecnologia da população.

É em relação a este contexto teórico de interação natureza-sociedade que empreendemos uma reflexão sobre "***os problemas geomorfológicos das terras baixas geridas fora das barragens e as estratégias de adaptação dos agricultores: o caso de Katiola***".

Esta é a visão de um geógrafo-físico sobre a questão das adaptações da sociedade à natureza e ao funcionamento hidrodinâmico de uma planície no centro-norte da Costa do Marfim, especificamente em Katiola. O contexto socio-espacial é o das interações geomorfológicas que complicam as actividades agrícolas, nomeadamente a rizicultura tradicional de planície que ainda não beneficiou de infra-estruturas hidro-agrícolas do tipo barragem.

I PARTE

# INTRODUÇÃO GERAL

**Primeira parte:**

# INTRODUÇÃO GERAL

*Esta secção tem por objetivo introduzir o tema. Situa-o nos meios literários e científicos de onde emergem as questões levantadas.*

## 1- INTRODUÇÃO

### 1-1- INTERESSE DO SUJEITO

A economia da maioria dos países africanos em desenvolvimento é predominantemente agrícola, ou mesmo agro-pastoril. No contexto macroeconómico, só uma política governamental sólida em matéria de gestão e de planificação de projectos no sector essencialmente agrícola, bem como um elevado nível de participação pública, podem impulsionar o desenvolvimento dos países rurais.

Embora aspire a tornar-se um país emergente, a economia da Costa do Marfim assenta incontestavelmente em bases agrícolas. Este facto justifica a opção agroindustrial como estratégia de desenvolvimento, tendo como principais trunfos estruturais uma população jovem, uma demografia dinâmica e cosmopolita e grandes vantagens biofísicas num clima largamente favorável à especulação agrícola de todos os tipos. Todas as zonas ecológicas do país seriam potenciais zonas de acolhimento. Assim, não é de admirar que a Costa do Marfim seja considerada uma das potências agrícolas de África.

Em termos de comércio internacional e de globalização económica, o café e o cacau, desde sempre cotados em bolsa, continuam a ser um dos produtos mais importantes do país. [2]Com outros produtos agrícolas, como o óleo de palma, a hévea, a castanha de caju, a banana doce, o ananás, etc., recursos mineiros como o petróleo e o gás natural, o ouro e a bauxite, e muitos outros minerais, eletricidade produzida em abundância - uma vez que o país a exporta para os países vizinhos - este pequeno país (322 462 km ) tem tido um sucesso económico notável desde 1960. A Costa do Marfim consolidou a sua liderança agrícola através da diversificação das actividades agrícolas, cujo desenvolvimento se baseia na investigação agronómica de alto rendimento.

Nesta perspetiva, o arroz é uma das culturas promovidas pela SODERIZ, a empresa pública responsável pelo desenvolvimento da orizicultura, nos anos setenta. Os desafios continuam a ser consideráveis: a rápida urbanização do país e o forte crescimento demográfico, a normalização dos hábitos alimentares, uma vez que o arroz se tornou o principal alimento da quase totalidade dos habitantes da Costa do Marfim. No entanto, a produção local continua a ficar aquém das expectativas. Este facto levou à importação de arroz da Ásia. Aliás, o objetivo atual do governo é tornar a Costa do Marfim um país exportador de arroz autossuficiente. Para responder a estes desafios, é necessário combinar o conhecimento científico, o saber-fazer da engenharia e os mecanismos de adaptação voluntária dos produtores de arroz, para que o projeto de independência alimentar tenha um impacto global no país.

## 1-2- JUSTIFICAÇÃO DO TEMA

A satisfação das necessidades alimentares é uma das necessidades básicas do homem. Num contexto nacional de rápido crescimento demográfico, é importante que a produção se aproxime e exceda as necessidades alimentares a nível local, regional e nacional. É, pois, necessário eliminar todos os obstáculos sociais e físicos susceptíveis de ameaçar a realização dos objectivos de aumento da produtividade agrícola. A produção de arroz está ainda muito aquém das expectativas, apesar de o ambiente natural ser propício à promoção em grande escala desta cultura, nomeadamente no centro-norte da Costa do Marfim, um território de planaltos e planícies com condições favoráveis.

A especificidade deste trabalho, para além do aspeto socioeconómico, consiste em evidenciar como os problemas geomorfológicos podem constituir um travão à produção de arroz se não forem corretamente geridos pelos agricultores.

## 1-3- APRESENTAÇÃO DA ZONA DE ESTUDO

A cidade de Katiola está situada no centro-norte da Costa do Marfim, a 8° 30' Norte e 5° 10' Oeste, a uma altitude média de 400 m. É a capital da região de Hambol. Está rodeada pelas cidades de Dabakala, a 90 km a leste, Mankono a oeste, a cerca de 166 km, Niakaramadougou a norte, a 63 km, e Bouake, Botro e Beoumi a sul, respetivamente a 54 km, 41 km e 81 km. Katiola fica também a 450 km de Abidjan, a capital económica da Costa do Marfim, e a 140 km de Yamoussoukro, a sua capital política (Figura 1).

### 1-3-1- O ambiente físico

- O clima

O contexto climático geral é o de uma região tropical caracterizada pelo calor e pela humidade. De um ponto de vista regional, o clima é uma transição tropical entre o das zonas semiáridas subsarianas e o das zonas tropicais húmidas do Golfo da Guiné. Localmente, Katiola está sujeita a um clima sudano-guineense, mais húmido do que o do extremo norte, com duas estações chuvosas, de março a junho e de setembro a outubro. Estas são intercaladas por duas estações secas, de novembro a fevereiro e de julho a agosto. Este clima é controlado pelo movimento da Frente Intertropical (FIT). A precipitação anual varia geralmente entre 1.100 mm e 1.200 mm, enquanto a temperatura média ronda os 27°C.

- Hidrologia

O departamento de Katiola é atravessado pelos afluentes de dois rios que constituem os limites naturais do departamento. São eles o N'Zi e o Bandama, respetivamente a leste e a oeste. É este último e os seus afluentes (Bou, Nabion) que irrigam a maior parte do departamento. O regime hidrológico é do tipo equatorial de transição. Quanto aos rios, o seu regime é modelado pelo regime pluviométrico tropical.

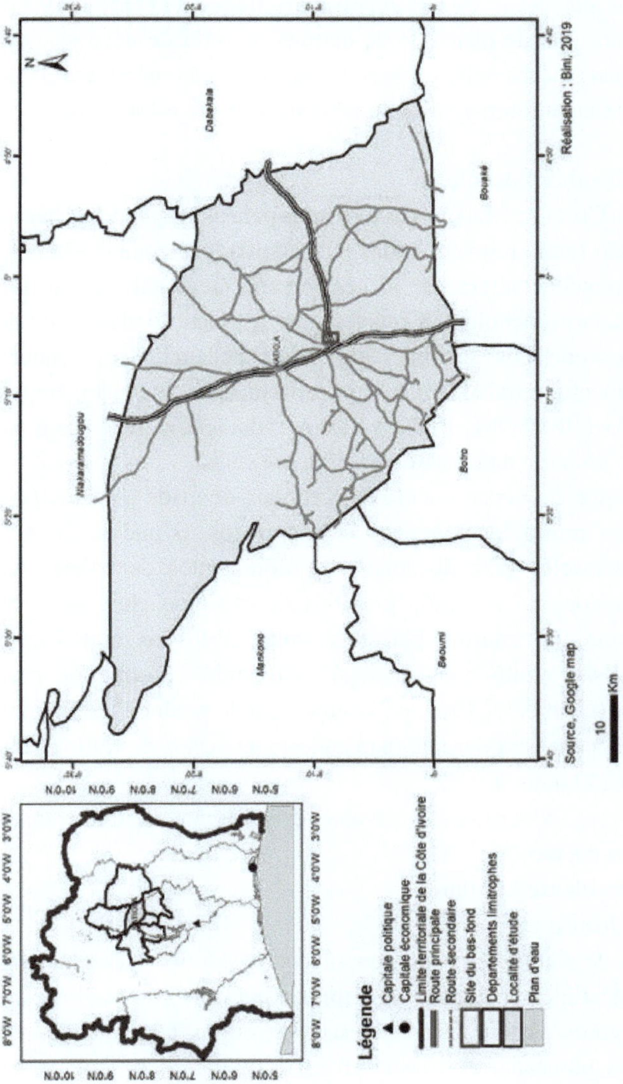


**Figura 1: Localização do local de estudo**

- Vegetação

A vegetação da região de Katiola pertence à parte meridional do domínio sudanês (Coulibaly, 2009, p.29). Mais concretamente, trata-se do domínio sub-sudanês, caracterizado por uma floresta aberta. A vegetação dominante varia entre a savana arbustiva e a savana herbácea, com a presença de galerias florestais ao longo dos cursos de água.

As savanas herbáceas encontram-se mais frequentemente em afloramentos de cuirassos no topo de planaltos de detritos, na orla de galerias florestais ou em planícies marecáceas onde constituem savanas hidromórficas. Os hots de menor importância encontram-se à beira de caminhos ou estradas (Adjanohoun, 1964, p.117).

- Geomorfopedologia

Os solos da Costa do Marfim são formados pela alteração de rochas metamórficas. Os solos não foram rejuvenescidos pela atividade tectónica; são antigos e muitas vezes fortemente alterados. A cartografia regional efectuada segundo a abordagem morfopedológica revelou que a evolução dos solos do distrito de Katiola depende dos seguintes processos pedogenéticos: endurecimento ou encouraçamento, retrabalhamento, pedoplasmação, alteração, empobrecimento e hidromorfia (ORSTOM, 1987, p.81). A induração parece ser o processo mais importante no norte da Costa do Marfim.

A parte central do departamento de Katiola é ocupada por uma faixa de granito com bordos muito heterogéneos e fracturados, o que levou à formação de numerosos inselbergs e de zonas de afloramentos de baleia. A nordeste de Niakaramandougou, a cúpula granítica de Niangbo eleva-se a uma altura de 694m. Como um enorme glaciar à volta, todos os outros compartimentos periféricos são muito mais calmos, assumindo a forma de planaltos muito monótonos (Coulibaly, 2009, p.31) cuja altitude média é ligeiramente superior a 400 metros, com uma descida para sudeste no sector de Katiola, onde a altitude desce para 250 metros.

Devido à sua cobertura de savana, esta região é altamente suscetível ao escoamento e à erosão.

### 1-3-2- O ambiente humano

- Quadro social

A comuna de Katiola tem uma população de 56 681 habitantes (RGPH, 2014, p.21). Originalmente, Katiola era habitada por dois grupos étnicos: os Tagbanas e os Mangoros. A imigração acrescentou outras comunidades marfinenses e estrangeiras, nomeadamente oeste-africanas (malianos, burquinenses, guineenses, senegaleses, etc.) que vivem em perfeita harmonia. É um belo mosaico humano, mas com um rácio de sexos elevado (107,0%) de acordo com o censo de 2014.

Katiola apresenta um quadro relativamente satisfatório em termos de infra-estruturas de base: eletrificação, abastecimento de água, escolas, centros de saúde, bancos, etc.

Em suma, Katiola é uma cidade moderna. As aldeias também estão a passar por um processo de modernização, com uma tendência geral para a construção sólida, no âmbito de um desenvolvimento habitacional semelhante.
A população urbana de Katiola é muito superior à população rural. A desproporção entre as duas populações explica-se, evidentemente, pelo facto de a capital do departamento dispor de muito mais infra-estruturas públicas: administração, escolas secundárias, serviços de saúde, etc.

- Vida económica

As estradas são um importante vetor de desenvolvimento económico. O departamento é atravessado pela estrada nacional A2, principal eixo sul-norte que conduz ao Burkina Faso e ao Mali. Esta estrada liga também Katiola a Fronan, Niakaramandougou e Tafire.
Em termos de actividades económicas, o mundo rural tagbana é dominado pela agricultura. Tradicionalmente, os Tagbana são agricultores. As culturas alimentares incluem o arroz, o amendoim, o tapete, o inhame, a mandioca, o painço e o sorgo. A principal cultura de rendimento é o algodão, que está agora a ser substituído pela castanha de caju. Existem também pomares de citrinos e de mangas. A nível do artesanato, os oleiros de Mangoros são muito conhecidos. A atividade sócio-económica da cidade é dinamizada por funcionários públicos e comerciantes.
O departamento de Katiola caracteriza-se por uma migração maciça de jovens para outras capitais de subprefeituras da periferia e para as regiões do sul da Costa do Marfim. Desde 2000, a descoberta de sítios de garimpo de ouro concentrou o fluxo migratório em direção a esses sítios. O impacto ambiental desta nova atividade é destrutivo.

## 1-4- JUSTIFICAÇÃO DA ZONA DE ESTUDO

Katiola, uma cidade no centro-norte da Costa do Marfim, é rica em terras baixas. No entanto, estudos anteriores revelaram a baixa produtividade destas terras baixas, geralmente devido a razões sócio-culturais. As análises concluíram que a contribuição destas zonas de planície para o desenvolvimento rural é muito heterogénea (Toure, 1999). Mas para além do aspeto sócio-cultural, outras explicações científicas podem ser avançadas.
De entre os factores possíveis, as caraterísticas estruturais das planícies, incluindo a qualidade dos micromodelos, podem ter um impacto indireto definitivo na produtividade destes sítios. Podem, portanto, constituir constrangimentos importantes que, para além dos constrangimentos económicos e técnicos, limitam a contribuição dos vales interiores para a economia local. Outros factores incluem a resiliência da população agrícola local através de uma maior participação na conceção e implementação de métodos de cultivo para contrabalançar os

constrangimentos socioculturais.

# 2- QUESTÕES

## 2-1- COMPREENSÃO DO TEMA

Como qualquer outro país, a Costa do Marfim tira o máximo partido dos numerosos recursos naturais de que dispõe, dada a sua situação geográfica na África Ocidental húmida, explorando a sua superfície florestal. A agricultura é um dos pilares da sua economia. Desde há muito tempo que o sector agrícola representa, por si só, cerca de 40% do produto interno bruto entre 1990 e 1997, 70% das receitas de exportação e emprega 2/3 da população ativa (Ministério da Agricultura e dos Recursos Animais, 1999). Se, inicialmente, a agricultura se centrava sobretudo no binómio café-cacau, cada vez mais se dá espaço a culturas como o arroz, um produto de grande consumo no país e que é cultivado nas terras baixas. Esta especulação é apoiada a nível nacional por agências de desenvolvimento, como a ANADER e a CNRA, e por vários parceiros internacionais, incluindo a FAO. Esta conjugação de esforços de investigação está a aumentar os rendimentos, permitindo à Costa do Marfim atingir os seus objectivos, incluindo o objetivo de autossuficiência e mesmo de segurança alimentar.

Por uma boa razão, há que dizer que as terras baixas estão subexploradas. Isto deve-se ao facto de a maior parte delas serem ainda exploradas em pequena escala. Sem contar com o facto de estes meios serem particularmente difíceis de explorar, ao contrário dos interflúvios. De um ponto de vista funcional, devido às suas propriedades hidrológicas e sedimentares, entre as quais é necessário encontrar um equilíbrio, as planícies são terras férteis, mas difíceis de explorar, tendo em conta o contexto técnico da agricultura de subsistência na Costa do Marfim.

Se a isto juntarmos a triste realidade das zonas de várzea desenvolvidas fora das barragens, verificamos que a falta de controlo das condições técnicas da orizicultura de regadio é uma fragilidade da orizicultura no país como um todo, que é simultaneamente conjuntural e estrutural. Em particular, a falta de controlo dos sistemas hídricos é uma das principais fragilidades da orizicultura de várzea, ilustrada quer por importantes excedentes quer por défices hídricos nas explorações. Este problema está ligado à gestão do microrrelevo das parcelas, que sofrem geralmente de um nivelamento deficiente. O conhecimento aprofundado das condições físicas e territoriais das actividades agrícolas é uma necessidade científica. É mesmo uma condição prévia para aumentar a produtividade das terras. Isto é válido para os vales interiores, que se presume poderem apoiar a agricultura do futuro, no âmbito da gestão das zonas húmidas, tendo em conta as preocupações suscitadas pelas actuais alterações climáticas.

## 2-2- ESTADO DA INVESTIGAÇÃO

### 2-2-1- As terras baixas como elementos da paisagem

Nas zonas tropicais, as terras baixas contribuem significativamente para a melhoria da segurança alimentar. Estes espaços naturais, analisados em termos da sua relação com a sociedade, constituem sistemas que são parte integrante da paisagem, que Bertrand (1978) define nos seguintes termos

*"A paisagem não é a simples adição de elementos geográficos díspares. É uma determinada porção do espaço, resultado da combinação dinâmica, e portanto instável, de elementos físicos, biológicos e humanos que, interagindo dialeticamente, fazem da paisagem um todo único e indissociável.*

Enquanto sistemas que integram as dimensões ecológica e humana, as terras baixas reflectem a adaptação de um ambiente natural bruto às necessidades da sociedade. É por isso que são consideradas como um produto da sociedade.

Existe um interesse crescente pelos sistemas agrícolas de planície. Há boas razões para esta tendência. Segundo Kafilatou (2017, p.1601), se a utilização das terras baixas aumentou consideravelmente em número e em superfície, isso deve-se à fertilidade dos seus solos e ao seu carácter hidromórfico. No entanto, ao nível do solo, as organizações pedológicas superficiais sofrem transformações sob o efeito de factores meteorológicos, faunísticos e antrópicos. Há também transferências de vento à superfície e transferências de água em profundidade.

As tipologias habituais das terras baixas são elaboradas de acordo com uma combinação de parâmetros: Albergel et al (1993, pp. 233-235), de acordo com as caraterísticas geológicas e climáticas; Albergel e Claude (1988), de acordo com as caraterísticas climáticas e geomorfológicas, assim como Raunet (1982) e Killian & Teissier (1973) de acordo com as caraterísticas morfológicas e fito-ecológicas, todos citados por Konate (1996, p.15). Estes critérios físicos determinam a sua utilização local pelas sociedades. Por sua vez, as especificidades daí resultantes determinam o seu modo de gestão.

Enquanto zonas férteis, estes meios caracterizam-se igualmente pela sua complexidade em termos de funcionamento físico-químico (Akassimadou et al., 2014, p.1) ou ecológico através das relações morfologia-solo-estado da superfície (Albergel et al., 1993, p.13). Trata-se, portanto, de um tipo de sistema no qual diferentes componentes interagem entre si e são interdependentes. Consequentemente, a partir do momento em que um dos componentes falha, o sistema é afetado e pode sofrer danos por vezes irreversíveis. É o que ilustra um estudo efectuado nas terras de Walo (Senegal), que revela uma degradação crescente devido à salinização e ao desaparecimento do coberto vegetal. As terras que não estão sujeitas a inundações sazonais são particularmente afectadas pela ação abrasiva dos ventos, que removem a parte superficial do solo, que é também rica em elementos minerais. Esta ação, conhecida como deflação eólica, resulta na degradação do coberto vegetal (Sall et al., 2011, p.17). Em geral, as alterações climáticas estão a influenciar a desregulação e a transformação do aspeto da paisagem das terras baixas.

### 2-2-2- Responsabilidade humana na erosão das bacias hidrográficas

Embora grande parte da degradação da paisagem se deva à atividade humana, a responsabilidade pela erosão das bacias hidrográficas parece ser partilhada entre causas naturais e factores humanos. Diríamos que as acções são combinadas. Albergel et al (1992, p.128) observam que, nas bacias de Gagara (Burkina Faso), devido ao desaparecimento do estrato arbustivo e sobretudo do estrato herbáceo, em consequência do sistema de produção agro-pastoril local, se verificou uma extensão das zonas fortemente incrustadas. Esta mudança de estado conduz a um aumento do escoamento superficial e da erosão. Este aumento acentua os efeitos da seca e conduz a uma degradação muito acentuada e por vezes irreversível do ambiente. Assiste-se, portanto, a uma tendência para o aumento da aridez do meio, que pode ser descrita como a satelização das bacias. Esta constatação é confirmada por Perez et al (1995, p.62), que observam que, embora os solos de planície sejam os mais férteis da região e sejam utilizados para a cultura de cereais (sorgo, arroz) e para a horticultura de entressafra, os principais constrangimentos agrícolas são devidos aos efeitos combinados das violentas inundações que varrem as planícies e dos aportes colúvio-aluviais gerados pela intensa erosão das encostas. Algumas destas inundações são devidas a chuvas abundantes num curto período de tempo. Mas uma grande parte delas está ligada à degradação do coberto vegetal que forma uma camada protetora do solo contra a erosão. A exploração abusiva e descontrolada de ambientes frágeis reduz significativamente a função protetora da vegetação.

Muitos investigadores, entre os quais Bouzou et al (2009, p.152), sublinham que a desnudação do solo continua enquanto persistir o sistema tradicional de cultivo extensivo sem proteção do solo. Este fenómeno é muito frequente nos meios sahelianos, num contexto de antropização muito elevada. O resultado é um aumento do escoamento nas encostas, que conduz a uma alteração do estado da superfície do solo, a um alagamento, a um alargamento e mesmo a um aprofundamento e assoreamento dos cursos de água. Estas planícies sahelianas situam-se num meio bastante difícil, com equilíbrios naturais muito frágeis.

Segundo Bah et al (2017, p.4), a pressão sobre as encostas, constantemente degradadas pelos incêndios florestais, a desflorestação, o empobrecimento dos solos e as actividades mineiras, provoca o assoreamento e o assoreamento. Quase todas estas formas de degradação são causadas pelo apetite insaciável do homem por espaço e bens de consumo retirados diretamente dos ambientes naturais.

Esta situação conduz cada vez mais a uma utilização das terras baixas para actividades agrícolas como a orizicultura ou a horticultura. Além disso, o entusiasmo pelas terras baixas, em termos de tipos de culturas, de grau de intensificação e mesmo de pertinência do desenvolvimento, depende dos interesses económicos que representam estes locais (Lavigne et al., 1996, p.10), que se tornaram estratégicos para o desenvolvimento agrícola de certos países.

Tendo em conta, por um lado, a complexidade ecológica dos ambientes de planície e, por outro, os benefícios que proporcionam aos seus utilizadores, a abordagem ideal deveria consistir em analisar de forma realista as questões relacionadas com a utilização racional.

Para Jouve (1992, p.471), o interesse destas terras baixas é múltiplo: permitem a diversificação da produção e proporcionam trabalho e rendimento numa época complementar à das culturas de sequeiro. Daí a necessidade de uma gestão profissional destas zonas, tendo em conta o seu potencial de dinâmica agrária.

**2-2-3- A necessidade de desenvolvimento das terras baixas**

Kafilatou (2017, p.1618) observa que a utilização dos vales interiores se tornou cada vez mais inevitável, uma vez que ocupam um lugar-chave nos sistemas de produção (arroz, milho, etc.) no atual contexto de alterações climáticas. A agricultura de planície pode, portanto, ser vista como uma adaptação à variabilidade climática. Compensa a alteração do calendário de culturas que conduz a rendimentos mais baixos e ao empobrecimento dos solos. Mas é evidente que, em África em geral, as condições socioculturais e naturais nem sempre são favoráveis à cultura do arroz de sequeiro e de regadio. [2]No entanto, África tem cerca de 1,3 milhões de km de terras baixas e o cultivo de arroz nestas áreas, utilizando instalações melhoradas, produz benefícios definitivos que devem ser melhorados (Danvi, 1995, p.4). Uma vez que os constrangimentos são enormes e os benefícios essenciais para a população, o desenvolvimento das terras baixas é, portanto, uma obrigação se o objetivo de satisfazer eficazmente as necessidades alimentares for alcançado.

Lespez et al (2009, p.6) vêem a importância da questão da segurança alimentar em relação a uma lógica de desenvolvimento e gestão do território que leva a transformações no espaço e nas práticas e, portanto, às mudanças observadas na paisagem.

As transformações ou evoluções da paisagem introduzem-nos então no tema geral das adaptações. E nesta perspetiva, Faho (1995, p.18) estipula que os corolários dos riscos ligados à insuficiência qualitativa e quantitativa das chuvas na região saheliana, a presença de encostas sensíveis e a degradação contínua dos recursos naturais sob o efeito da pressão demográfica exigem um outro tipo de gestão dos recursos naturais no quadro do desenvolvimento agro-silvo-pastoril. Esta nova problemática é largamente partilhada pela maioria das estruturas e instituições de desenvolvimento.

Um relatório do Ministério da Agricultura, da Pecuária e da Pesca do Benim afirma que, dado que o potencial de crescimento do país depende em grande parte da agricultura, que dispõe de uma grande quantidade de terras aráveis disponíveis para cultivo, a modernização do sector rural permitirá passar de uma economia dominada pela auto-subsistência para uma economia muito mais integrada no mercado, criando simultaneamente empregos (2001, p.3). Dado que as populações locais consomem uma grande quantidade de arroz e de produtos hortícolas, as numerosas zonas baixas do país devem também ser valorizadas.

O aspeto social do desenvolvimento das planícies não deve ser negligenciado. A este respeito, Sidibe et al (2004, p.1), no final de um estudo efectuado em várias localidades do Mali, concluem que uma das raras oportunidades de obtenção de rendimentos para as mulheres rurais, particularmente nos círculos de Kadiolo e Bougouni, é o seu envolvimento na cultura do arroz de planície. De facto, o arroz de várzea representa 34% do rendimento das mulheres entrevistadas e as mulheres que cultivam arroz de várzea e de montanha são relativamente menos pobres do que as que cultivam apenas arroz de montanha. Assim, o desenvolvimento das terras baixas não só tem benefícios económicos, como também ajuda a consolidar o tecido familiar e a estabilidade social.

Finalmente, numa perspetiva de desenvolvimento sustentável, a utilização dos vales interiores contribui para apoiar a luta das comunidades contra a degradação do ambiente? Jouve (1992, p.471) sublinha a vantagem ecológica do desenvolvimento das planícies, uma vez que este tipo de intervenção tem uma dimensão particularmente estratégica na luta contra a aridez no Sahel. Embora a quantidade de água recebida pelo solo por ano pareça ser insuficiente para satisfazer as necessidades das plantas agrícolas (700 a 850 mm), é evidente que, para além da má distribuição da precipitação, a ecologia particular das terras baixas (a sua humidade natural baseada na qualidade dos solos e nas suas caraterísticas hidro-geomorfopedológicas) minimiza grandemente o impacto desta fraca precipitação. Daí a migração para as zonas de planície férteis. Mas para tirar o máximo partido destes locais, que oferecem grandes oportunidades socioeconómicas, é necessário gerir melhor as terras baixas. O objetivo é protegê-las melhor da degradação e torná-las mais rentáveis, numa perspetiva de desenvolvimento sustentável. Este tipo de resposta é muito melhor do que reconverter os agricultores e outros utilizadores para outras actividades que são certamente muito mais ameaçadoras para o ambiente devido à queda drástica do rendimento das culturas e ao stress hídrico repetido (Bah et al., 2017, p.4).

No entanto, o desenvolvimento das terras baixas requer meios, técnicas e políticas apropriadas, baseadas num bom conhecimento das inter-relações entre o sistema ecológico e o sistema agrícola, utilizando ferramentas de teledeteção, sendo este conhecimento fundamental para compreender a evolução dos ambientes ao longo do tempo (Devineau et al., (1991, p.377). É necessária uma sinergia de acções para garantir que a inadequação ou a falta de um elevado nível de tecnologia entre os agricultores e os grandes reservatórios nas terras baixas não criem mais problemas do que os que resolvem (Danvi, 1995, p.19).

**2-2-4- Estratégias de adaptação humana**

A necessidade de adaptação das práticas sociais na utilização das terras baixas explica-se pelos condicionalismos impostos por estes sítios. Uma adaptação bem-sucedida oferece, teoricamente, uma vantagem sobre as dificuldades associadas à ocupação, uma ampla oportunidade de investimento e maximiza os benefícios associados à exploração do espaço. Para Bah et al (2017, p.3), a adaptação é uma ação essencial para antecipar os impactos e assim reduzir os custos e danos associados à ocorrência das mudanças climáticas. Mas nem sempre isso é feito com antecedência. Por conseguinte, os resultados nem sempre correspondem às expectativas e, por vezes, conduzem a catástrofes. É por isso que a formação dos agricultores, a compreensão das suas necessidades e o acompanhamento técnico regular são factores essenciais para o sucesso da utilização das terras baixas. Nesta ótica, Lespez et al (2009, p.5) salientam que a tipologia dos vales interiores revela que existem equipamentos que parecem adequados a cada tipo de vale interior e de acordo com a sua utilização. Por outras palavras, o desenvolvimento das planícies não é uma operação típica em série. Antes do trabalho de Lespez (op. cit.), Zombre (1992, p.22) tinha ilustrado esta ideia através do seu trabalho em Yatenga (Burkina Faso). Segundo ele, a satelização tem como consequência um aumento da morfodinâmica: erosão eólica e escoamento intenso e generalizado, o que leva os agricultores a desenvolverem as suas próprias técnicas de conservação da água e do solo, como a plantação de cordões de pedra e o método Zai, particularmente prometedor. Trata-se de um método particular de cultivo em estacaria, adaptado a zonas pedológicas muito degradadas, que permite concentrar a água e os fertilizantes em microbacias onde as sementes são semeadas. Assim, num contexto em que as caraterísticas climáticas podem empurrar uma região para a sahelização, a resiliência dos agricultores reflecte-se nas técnicas de retenção e gestão da água. Embora estas técnicas tenham um certo número de pontos em comum, as especificidades de cada região, o saber-fazer local e muitos outros parâmetros conferem a estas práticas uma configuração local. Nem todos os ambientes são iguais. Uma vez que as perturbações climáticas do ecossistema se traduzem em erosão dos solos, inundações, secagem precoce de lagos, perdas de produção, diminuição dos rendimentos agrícolas, etc., os efeitos são diversos e sentidos de forma diferente. Consequentemente, para limitar os efeitos das alterações climáticas e melhorar o seu bem-estar, as populações locais estão a desenvolver estratégias de adaptação que variam de acordo com as suas categorias (Atidegla, 2017, p.1). As estratégias locais de adaptação são desenvolvidas em função dos condicionalismos naturais ou humanos. No que diz respeito a estes constrangimentos, Lespez et al (op. cit.) enumeram dois tipos: em primeiro lugar, existem constrangimentos naturais causados por fortes inundações, submersão, precipitação insuficiente e crescimento rápido de ervas daninhas nas terras cultivadas nas planícies. O segundo tipo de constrangimento é socioeconómico e técnico. Em todos os casos, a resposta limita-se a soluções essencialmente técnicas, geralmente orientadas para um controlo mais ou menos completo da água, ou seja, a irrigação.

No entanto, a gestão da água tem em conta as especificidades locais. Por exemplo, na Costa do Marfim (Assouman et al., 2015), os agricultores adaptam-se às planícies aluviais do rio Bandama de duas maneiras: por um lado, deslocam as parcelas das zonas sujeitas a inundações para zonas mais seguras do terreno e, por outro, adoptam novos métodos e técnicas de cultivo opostos ou associados aos atualmente utilizados ou empíricos. Além disso, as propostas de um sistema melhorado baseado na agricultura intensiva, na utilização de factores de produção e em novas variedades parecem ser soluções para regular o calendário das culturas e responder ao apego que os agricultores demonstram à sua terra, neste caso Kafine. Jouve (1992, p.471) apresenta uma outra abordagem igualmente eficaz, que consiste em investir no conhecimento do funcionamento hidrológico das terras baixas para evitar problemas graves durante o seu desenvolvimento. Nesta abordagem, a irrigação é uma resposta adequada à luta contra a aridez e permite satisfazer as necessidades alimentares de uma população em rápido crescimento. Roose (1999, p.21) é mais explícito ao citar o sistema tradicional de tanques como um sistema de gestão da erosão, permitindo abastecer as terras baixas em zonas pouco permeáveis. Estes reservatórios das aldeias asseguram que o défice hidrológico seja compensado por fluxos de água nas partes superficiais do solo e por tempos de concentração bastante curtos. Por fim, Ngamine et al (1999, p.247) apresentam o seguinte plano
um projeto de desenvolvimento do terroir de Tchanar (Chade) baseado em barreiras filtrantes, que permitiu manter a erosão relativamente sob controlo e aumentar moderadamente (10 a 20%) o rendimento das culturas.

Os agricultores citam claramente a erosão como um dos principais constrangimentos à agricultura de planície. Mas as diferenças locais nas técnicas de cultivo e nas caraterísticas ambientais significam que as estratégias de adaptação dos agricultores variam.

## 2-2-5- A contribuição do ambiente natural no centro-norte da Costa do Marfim

Na África Ocidental, os vales interiores representam um potencial muito importante para a produção agrícola em geral e para a produção de arroz em particular. A utilização racional deste tipo de ecossistema exige uma compreensão da sua organização pedológica e do seu funcionamento hidrológico (Sitapha, 1996, p.5). A Costa do Marfim optou por intensificar a agricultura nas planícies e nas terras baixas (Cheron et al., 1991, p.438) a fim de alimentar a sua população a partir da produção interna. Para o efeito, é fortemente recomendada uma sinergia entre todas as regiões. Trata-se, nomeadamente, das regiões setentrionais. O centro-norte da Costa do Marfim não possui as terras agrícolas mais abundantes. Os solos provenientes das paisagens geomorfológicas mais importantes pertencem geralmente a grupos lateríticos e a planaltos tabulares frágeis. Estas paisagens têm um baixo nível de humanização. As séries petrosteríticas e gravolíticas ocupam 2,6% da superfície e não são muito significativas, mas estes solos têm uma boa capacidade de retenção de água, uma boa drenagem e muito boas propriedades de cultivo (Koli Bi, 1999, p.119).

No entanto, o centro-norte tem uma vocação agrícola tão forte como as outras regiões do país. Brou (2005, p.42) considera que as terras baixas das regiões de savana do norte têm um grande potencial para intensificar e diversificar a produção agrícola e são um local de conservação da biodiversidade. No entanto, adverte que, apesar deste potencial, a utilização das terras baixas é ainda limitada, tanto no tempo (pouca utilização na estação seca) como no espaço (muitas terras baixas estão ainda por explorar). Sem dúvida, a subexploração das terras baixas no norte da Costa do Marfim deve-se a um certo número de constrangimentos, incluindo problemas de posse da terra e, sem dúvida, dificuldades na gestão da terra e na lavoura, etc. Diagne et al. Anteriormente, Diagne et al (2004, p.3) tinham assinalado o lento crescimento da produção interna de arroz na Costa do Marfim, atribuindo-o aos baixos rendimentos dos sistemas de produção de arroz de sequeiro de terras altas e de terras baixas.

No entanto, as terras baixas são bastante numerosas e podem dar um enorme contributo para a política alimentar da Costa do Marfim, que é, em certa medida, propriedade das mulheres. Assi (2008, p.26) salienta que as mulheres ocupam um lugar importante no processo de produção e na reorganização da economia rural em crise. O seu envolvimento no desenvolvimento das terras baixas conduziu a inovações na produção laboral e alimentar.

O desenvolvimento das planícies do centro-norte da Costa do Marfim poderia abrir novas zonas de trabalho para uma população rural dinâmica, mas, mais do que isso, poderia também reduzir a vulnerabilidade destas zonas, sujeitas a inundações quase permanentes que provocam a destruição dos campos e de outras estruturas humanas (Assouman, 2015).

### 2-2-6- Caraterísticas das terras baixas da Costa do Marfim

Nos últimos vinte anos, aproximadamente, as mudanças demográficas e as dinâmicas de ocupação do solo alteraram profundamente o potencial associado às terras baixas, urbanizadas ou não (Cecchi, 1992 p.274). Estas áreas adquiriram uma nova identidade e estão a tornar-se cada vez mais importantes na conquista de terras para fins agrícolas. A intensificação agrícola abre caminho para uma utilização mais intensiva das terras baixas para um uso mais abrangente do solo. Mas a falta de infra-estruturas de irrigação dificulta a exploração destas zonas, apesar do seu elevado potencial. Um estudo efectuado pela NEPAD em 2005 revelou que a agricultura de regadio tem uma importância secundária na agricultura da Costa do Marfim, apesar do potencial significativo oferecido pelas terras baixas e pelas planícies irrigáveis em todo o país. De acordo com a mesma organização pan-africana, a superfície total irrigada na Costa do Marfim é de cerca de 32 500 ha, numa superfície potencialmente irrigável estimada em cerca de 180 000 ha. Esta superfície irrigada está relacionada com a construção de várias dezenas de barragens, das quais cerca de vinte no norte, para irrigar as zonas baixas que foram convertidas em bacias de rizicultura situadas a jusante (Cecchi et al., 1992, p.19).

Atualmente, num contexto de alterações climáticas que assumem várias formas, incluindo desequilíbrios hídricos em algumas zonas, é necessária uma melhor gestão da hidromorfia nas terras baixas. De acordo com Cecchi et al (op. cit., p.26), a pejoração climática sustentada e pronunciada, combinada com mudanças no uso do solo e nas condições da superfície, está a levar a alterações significativas na disponibilidade dos recursos hídricos, tanto em termos de quantidade como de qualidade, nas pequenas bacias hidrográficas da África Ocidental e nas suas terras baixas. A Costa do Marfim não é exceção. Para fazer face a estas imprevisibilidades, os agricultores optam por construir perto de si reservatórios de água que são geralmente perenes em condições normais de precipitação. Estas pequenas barragens locais têm um verdadeiro potencial agrícola, mas são ainda insuficientemente exploradas e entram frequentemente em conflito com a utilização pastoral que lhes foi inicialmente dada (Cecchi et al., 1992 p.26, idem). Os benefícios económicos são, portanto, debatidos.

A identificação dos agricultores das terras baixas continua a ser heterogénea. Nalgumas regiões (Gontougo, vale de Bandama, N'zi-Comoe, Lacs, Worodougou, Bafing, Savanes, Denguele), onde as zonas de planície têm uma importância secundária na economia rural, são facilmente cedidas a mulheres, jovens e estrangeiros, e o sistema de direito consuetudinário de posse da terra que

lhes é aplicado é menos rígido (NEPAD, 2005 p.10).
Por outro lado, no país de Bete, no departamento de Gagnoa (região de Goh), os homens chefes de família produtores de arroz representavam 80% em comparação com 20% das mulheres chefes de família produtoras de arroz (Depieu et al., 2017 p.81). Chaleard (1988, p.46) fez outra classificação dos actores com base nas caraterísticas socioeconómicas. Segundo ele, dois grupos sociais dominam: os camponeses sem terra, que viram no estabelecimento destas terras baixas a possibilidade de aceder a um fator de produção essencial, e os trabalhadores urbanos (operários industriais, comerciantes, funcionários públicos), para quem a rizicultura assegura a subsistência do grupo familiar a um custo mais baixo e, ocasionalmente, fornece um excedente comercializável.
No entanto, estes agricultores não utilizam as terras baixas exclusivamente para a produção de arroz. As técnicas locais de cultivo são utilizadas para maximizar os benefícios destas áreas. Por exemplo, como refere novamente Chaleard (op. cit., p.43), o arroz é geralmente cultivado na estação das chuvas, mas alguns agricultores abrem buracos nas terras baixas para irrigar e obter uma colheita mais remuneradora na época baixa (de janeiro a junho). Uma outra técnica consiste em especulações variadas. Segundo o mesmo autor, as parcelas de planície são cultivadas durante um ano, combinando arroz e esteiras, e depois deixadas em pousio. Foram também criadas algumas parcelas de mandioca em terras de pousio perto da aldeia ou em antigas plantações abandonadas. Por último, a horticultura comercial está a ganhar importância. Estas culturas são cada vez mais valorizadas pelo seu crescimento rápido, pelo seu consumo em grande escala e pelo seu custo relativamente baixo nos mercados locais. O tomate, em particular, mas também *a ndrowa* (variedade local de beringela), o quiabo e a malagueta estão a tomar o lugar da banana *do poyo*, tanto nos sistemas de produção como no espaço, uma vez que ocupam zonas baixas (Chaleard, 1988 p.43).
Apesar de todas as especulações concorrentes, o arroz continua a desempenhar um papel fundamental na agricultura das terras baixas. No entanto, a autossuficiência em arroz só pode ser alcançada melhorando o nível da produção interna através do desenvolvimento da orizicultura de terras baixas. De facto, a cultura do arroz de várzea em modo melhorado e/ou não melhorado representa cerca de 36% da superfície total cultivada com arroz na Costa do Marfim e contribui para mais de 20% da produção de arroz em casca, de acordo com Depieu et al. (2017) p.80). Os mesmos autores referem também que os rendimentos são ligeiramente inferiores na cultura de arroz de planície sem irrigação (1,53 t/ha) do que na cultura de arroz de planície com irrigação (1,70 t/ha). Mas uma política eficaz de desenvolvimento destas zonas sem barragens poderia aumentar a produção. Daí a necessidade de discriminar os vales interiores, uma vez que a

falta de caraterização dos vales interiores leva a projectos padronizados que muitas vezes não são adaptados às condições específicas de cada local a ser desenvolvido (NEPAD, 2005, p.3).

### 2-2-7- Os baixios de Katiola

A nível nacional, a região de Katiola poderia tornar-se um centro de rizicultura, dado que as condições geomorfológicas e pedológicas são, em muitos aspectos, favoráveis à agricultura. De facto, a maior parte desta região (quase 60%) está coberta por solos e modelos de aptidão média para a cultura mecanizada (Poss R., e Sabathe R ,1982, p.179).

O funcionamento hidrológico e o modelo das terras baixas dependem do clima local. De facto, consoante o ano, o clima é semelhante ao das zonas mais setentrionais, com uma única estação chuvosa, ou ao das zonas meridionais, caracterizado pela alternância de duas estações secas e duas estações chuvosas, o que poderia também explicar a relativa pressão antrópica sobre estes meios, como refere Toure (1999, p.151). De facto, o autor explica que estes ambientes marginais e anteriormente intocados são agora altamente produtivos, tanto em termos geográficos como humanos. No entanto, constatamos que as contribuições para a economia local estão a tornar-se uma realidade. Além disso, estas zonas agrícolas continuam a ser subexploradas devido a um certo número de obstáculos de carácter social (mão de obra envelhecida e deficiente) e físico (sobretudo problemas de gestão da água). É, pois, necessário ultrapassar estes obstáculos para obter uma produtividade óptima nestas terras baixas.

## 2-3- DEFINIÇÕES DE CONCEITOS

### 2-3-1- Significado contextual do termo "Problema

O termo "problema" tem uma conotação particular consoante o ambiente e o contexto em que é utilizado. Pode ser definido de muitas maneiras diferentes, e cada contexto dá ao termo a sua própria explicação. No seu sentido mais comum, um problema é uma situação em que um obstáculo o impede de progredir, de avançar ou de realizar o que se propôs. Um problema surge quando existe uma diferença entre a forma como as coisas são e a forma como deveriam ser.

Mas o quadro em que o utilizamos neste trabalho de geografia dá-lhe um significado que vai muito para além da noção de obstáculo. Por esta razão, apresentamo-lo como um paradigma. Em epistemologia das ciências humanas e sociais, um paradigma é uma representação do mundo, uma forma de ver as coisas, um modelo coerente do mundo que assenta numa base definida. Isto corresponde à ideia de que, no nosso contexto de estudo, temos de apresentar o problema como uma situação condicionante que nos obriga, enquanto investigadores, a compreender a sua origem, a sua manifestação e a perspetivar planos de adaptação ou de resolução.

Em suma, o problema não é uma situação em que um obstáculo impede o progresso, mas sim uma situação ou dificuldade que precisa de ser resolvida através de uma abordagem metódica e metodológica.

**2-3-2- Geomorfologia**

A geomorfologia é definida como o estudo da forma e da revolução do relevo terrestre. É um ramo da geografia física. A geomorfologia está ligada à geologia (cuja contribuição é necessária para compreender a estrutura litológica e tectónica), à física e à química, disciplinas que ajudam a explicar as consequências das variações de temperatura, as acções físicas da água e as caraterísticas das alterações.

**2-3-3- Terras baixas**

As zonas baixas podem ser identificadas por critérios topográficos, morfológicos, pedológicos e hidrológicos. Os seus solos estão frequentemente alagados ou submersos durante um período mais ou menos longo do ano por um lençol freático que corresponde a afloramentos do lençol freático e ao escoamento superficial. É de notar que vários investigadores tentaram definir uma planície. Em relação à hidrologia, Killlan e Teissier, por exemplo, dão a seguinte definição de planície: "[...] os fundos de pequenos vales, não muito profundos, regularmente inundados na estação das chuvas por pântanos com drenagem difícil e temporária...". De todas as definições existentes, a comunidade científica concorda frequentemente que a de Raunet (1985, p.181) é a mais completa e, por conseguinte, a mais interessante. Eis a expressão:

*"Na região intertropical, chamamos planícies aos fundos planos ou côncavos dos vales, pequenos vales e canais de drenagem aluviais que formam os eixos de drenagem de base inseridos nas espessas alterações do embasamento cristalino "peneplanizado". Estes são os eixos preferenciais de convergência das águas superficiais, das escorrências hipodérmicas e das águas subterrâneas contidas no espesso manto de alteração e alimentadas pela precipitação".*

Esta é a definição que utilizaremos neste trabalho, pois tem a vantagem de caraterizar as terras baixas no contexto geral da paisagem e em relação às unidades morfológicas.

## 2-4- PROBLEMA DE INVESTIGAÇÃO

Após a revisão da literatura científica relativa às terras baixas, podemos concluir que um bom número de publicações foi tornado público pela comunidade científica. Porém, muito poucas abordam os problemas geomorfológicos desses ambientes. Embora alguns tenham tentado, suas análises permanecem superficiais e fragmentadas.

Em Katiola, na região de *Tagbana*, os agricultores deparam-se geralmente com problemas de controlo da água, problemas fitossanitários e problemas de produtividade. No entanto, os problemas geomorfológicos raramente foram abordados em termos de constrangimentos à utilização das terras baixas. No entanto, a identificação e a tomada em consideração dos problemas de origem geomorfológica poderiam contribuir consideravelmente para uma melhor gestão destas zonas, a fim de otimizar o rendimento das culturas aí praticadas.

Enquanto que as questões de gestão da água foram satisfatoriamente abordadas nas terras baixas geridas sob barragens, a situação não é tão boa nas terras baixas geridas fora das barragens. De facto, a falta de desenvolvimento adequado em termos de infra-estruturas de gestão da água, planeamento do local e transferência de sedimentos revela uma falta de competências técnicas por parte da população agrícola na gestão dos problemas associados à dinâmica da planície. Por outro lado, a relação entre a geomorfologia do sítio e a produtividade das culturas nem sempre é evidenciada nos estudos sobre as planícies. No entanto, as planícies são locais num contexto geomorfológico com caraterísticas que podem conter imperfeições de micro-modelos, que as expõem a problemas de controlo da água e, consequentemente, a um grande défice de produção agrícola. Daí a importância de controlar a sua dinâmica, ou seja, os efeitos da erosão e da morfologia do sítio. Por conseguinte, é necessário analisar mais de perto as caraterísticas inerentes às terras baixas desenvolvidas fora da barragem, a fim de definir perfis a fio de água capazes de responder eficazmente às expectativas dos agricultores.

A iniciativa atual de estudar estes problemas à escala de uma planície na localidade de Katiola é pioneira. Tem como objetivo tornar mais explícitos os problemas de erosão nas terras baixas cultivadas fora de uma barragem e identificar os mecanismos de resiliência postos em prática pela comunidade agrícola. A utilização eficiente das terras baixas desenvolvidas fora da barragem de Katiola, em particular a terra baixa que é objeto deste estudo, requer, portanto, um exame descritivo detalhado para identificar os problemas de erosão que podem surgir, com vista a definir melhor as estratégias de adaptação desenvolvidas localmente pelos agricultores.

Assim, a questão principal é: **que soluções encontraram os agricultores para os constrangimentos geomorfológicos**?

O objetivo geral do nosso estudo é, portanto, descobrir como os agricultores são resilientes face aos constrangimentos geomorfológicos nas terras baixas fora da barragem de Katiola.

Especificamente, trata-se de :

- Descrever o tipo de desenvolvimento de terras baixas sem barragem estudado;
- Identificar os condicionalismos geomorfológicos encontrados na zona de baixa altitude em estudo;

- Identificar soluções ou respostas resilientes a estes condicionalismos geomorfológicos.

# 3- QUESTÕES E OBJECTIVOS

## 3-1- EVOCAÇÃO DA QUESTÃO DE INVESTIGAÇÃO

Que soluções encontraram os agricultores para os constrangimentos geomorfológicos? Um estudo aprofundado desta questão obriga-nos a analisá-la da seguinte forma:

- Que indicadores físicos explicam a presença de problemas de origem geomorfológica?
- Como é que os problemas geomorfológicos se manifestam na zona de estudo?
- Que soluções foram adoptadas pelos operadores locais para fazer face aos problemas de origem geomorfológica?

## 3-2- OBJECTIVOS PRINCIPAIS E ESPECÍFICOS

Compreender as formas de resistência dos agricultores aos constrangimentos geomorfológicos das terras baixas desenvolvidas fora da barragem de Katiola. Especificamente, o estudo tem por objetivo :

- Descrever o tipo de desenvolvimento de terras baixas sem barragem estudado;
- Identificar os condicionalismos geomorfológicos encontrados na zona de baixa altitude em estudo;
- Identificar as soluções desenvolvidas pelos agricultores em resposta a estes condicionalismos geomorfológicos.

II PARTE

# MATERIAIS E MÉTODOS
# TRABALHO

## Segunda parte:

# MATERIAIS E MÉTODOS DE TRABALHO

*Esta secção apresenta o dispositivo científico utilizado para a realização deste estudo. Destaca o método de recolha e os materiais utilizados para atingir cada objetivo.*

## 4- METODOLOGIA DE INVESTIGAÇÃO

### 4-1- ELEMENTOS E MÉTODO DE TRABALHO 1

#### 4-1-1- Recordação da pergunta 1

Que indicadores físicos explicam a presença de problemas de origem geomorfológica?

#### 4-1-2- Recordação do objetivo 1

Apresentar o ambiente geomorfológico da zona de baixa altitude exterior à barragem em estudo;

#### 4-1-3- Modo de aquisição de dados 1

*Pesquisa documental:* a nossa pesquisa levou-nos a explorar teses, artigos, dissertações e muitas outras publicações científicas. Foi efectuada em bibliotecas, nomeadamente a do Institut de Geographie Tropicale (IGT), a biblioteca do Institut de Recherche et de Developpement (IRD) e a biblioteca nacional. O objetivo da operação era reunir as informações existentes sobre as caraterísticas do meio físico das terras baixas dos trópicos húmidos em geral e da região de Katiola em particular.

*Investigação qualitativa*: tem por objetivo descrever a planície através das suas propriedades e das relações entre os seus componentes. Esta investigação consiste em identificar os elementos do ambiente que permitem caracterizá-lo e defini-lo, nomeadamente no que diz respeito ao seu funcionamento. Mais concretamente, trata-se de obter e recolher dados no terreno. Este tipo de investigação permite compreender melhor o papel dos elementos do meio local na ocorrência de problemas geomorfológicos nas planícies.

#### 4-1-4- Tipo de dados 1

*Dados de satélite:* A imagem que escolhemos é uma imagem pancromática da Shuttle Radar Topography Mission (SRTM-1). A laje selecionada cobre o grau quadrado da área de estudo. Foi adquirida em 3 de outubro de 2019 em www.geonetwork.icrisat.org. Esta imagem tem uma resolução de 30 m e está georreferenciada no sistema de coordenadas UTM-WGS84. A principal vantagem dos dados SRTM reside na natureza do sinal utilizado, ou seja, um sinal de radar. Este é independente da cobertura de nuvens. Este facto reduz ou mesmo elimina o risco de erros devido à presença de nuvens. Trata-se de uma vantagem importante para as regiões intertropicais, como a Costa do Marfim, onde a nebulosidade é quase permanente. Para além disso, as imagens são facilmente acessíveis através de plataformas online. A imagem foi processada com recurso a um software SIG para gerar um DTM do grau quadrado em que se situa a planície estudada.

*Dados morfológicos agrários:* trata-se de uma descrição física da zona baixa com o perfil do curso de água estudado. Através de fotografias e de levantamentos de campo, determinámos a área da planície, a estrutura do perímetro e o sistema hidráulico de funcionamento.

**4-1-5- Equipamentos e instrumentos de recolha 1**

Utilizámos equipamento técnico para recolher e tratar os dados. Estes são os seguintes instrumentos:

Para recolha,

- Um recetor GPS é um sistema de geolocalização que utiliza um recetor de sinal de satélite para identificar as coordenadas de pontos de interesse;
- Uma máquina fotográfica digital para tirar fotografias de alguns sítios muito especiais para apoiar e ilustrar o que estamos a dizer;
- Um decâmetro para medir o comprimento;

Para tratamento,

- Software de cartografia para operações relacionadas com os sistemas de informação geográfica, a fim de facilitar o tratamento espacial e temático;

**4-1-6- Variáveis 1**

Estávamos interessados em variáveis territoriais.

- Variáveis de morfologia do terreno (área de superfície, estrutura do perímetro, número de bacias)
- Variáveis morfodinâmicas ou topográficas (medições de declives, formas de relevo)

**4-1-7- Técnicas de recolha 1**

Os dados necessários para atingir o nosso objetivo foram recolhidos em duas etapas principais em troços da planície estudada, que constituíam a nossa unidade de amostragem. A primeira fase consistiu na obtenção de uma vista aérea por teledeteção. Em seguida, recolhemos dados complementares sobre o local através de técnicas de recolha no terreno. Estamos particularmente interessados numa parte específica da zona de planície orizícola. Esta parte é definida como a sequência de observação. Foi selecionada devido à presença de troncos hidráulicos, à representatividade das unidades de solo e à presença de troços aluviais. Foram selecionadas parcelas de observação de tamanho aproximado para representar as unidades de observação. O objetivo deste procedimento é identificar elementos ilustrativos e explicativos dos problemas geomorfológicos. É este o objetivo do presente estudo.

### 4-1-8- Método de análise 1

O objetivo é descrever a planície com base nas suas propriedades intrínsecas e no contexto geomorfológico em que se insere. Os dados permitem-nos identificar os elementos necessários para esse efeito. Cruzámos dois ou mais factores para compreender como estas relações determinam a natureza das planícies. A partir de imagens, tentámos desenhar uma representação do relevo através de parâmetros como os valores das curvas de nível. Por fim, produzimos um modelo digital do terreno. O DTM produzido é útil porque, embora a resolução espacial da imagem não permita identificar claramente a planície em estudo, permite-nos perceber, a partir do relevo, que a área de interesse é suscetível de conter um grande número de planícies não represadas. Além disso, pensa-se que as conclusões de um estudo efectuado sobre uma destas planícies não represadas poderiam ser aplicadas às outras.

## 4-2- ELEMENTOS E MÉTODO DE TRABALHO 2

### 4-2-1- Recordação da pergunta 2

Como é que os problemas geomorfológicos se manifestam na zona de estudo?

### 4-2-2- Recordação do objetivo 2

Identificar os condicionalismos geomorfológicos encontrados na planície estudada.

### 4-2-3- Tipo de pesquisa 2

*Pesquisa bibliográfica:* o objetivo desta pesquisa bibliográfica é reunir a informação existente relativa a perturbações susceptíveis de ocorrer em zonas de planície. Centrámo-nos nas perturbações relacionadas com a textura do solo, o fluxo de sedimentos ou o carácter turfoso das terras baixas.

*Investigação qualitativa*: visa avaliar as propriedades da planície tal como ela é e o impacto que sofre do ambiente em que se encontra. Esta investigação visa compreender como as terras baixas são afectadas pela erosão. Em seguida, mostramos a relação causal entre os micro-padrões do sítio e a dinâmica geomorfológica da planície. A preocupação básica é saber se a população está realmente consciente da existência de problemas na planície ligados às caraterísticas do relevo, antes de finalmente perceber que existem problemas de origem geomorfológica. Trata-se aqui da *perceção de* problemas deste tipo nas terras baixas que utilizam.

*Investigação exploratória*: Dispomos de uma pequena quantidade de dados sobre o vagão cujas zonas baixas geridas fora da barragem de Katiola, e mais especificamente a que é objeto do presente estudo, estão expostas a problemas geomorfológicos. Por conseguinte, efectuámos observações no terreno para obter os dados de que necessitamos.

#### 4-2-4- Tipo de dados 2

- Dados geográficos: a partir de cartas topográficas, determinámos a forma como o contexto já expõe as terras baixas a riscos geomorfológicos. Para compreender melhor esses riscos, efectuámos uma análise mais detalhada e em grande escala de um segmento da planície.
- Dados experimentais: trata-se de dados que procurámos no terreno. Foram adquiridos através da observação visual e da análise tátil. Incluem vestígios de erosão, de exsudação e de inundação.
- Dados empíricos: são os comentários que recolhemos junto dos agricultores das terras baixas sobre as dificuldades de desenvolvimento das terras baixas.

#### 4-2-5- Equipamento e instrumentos de recolha 2

- O guião da entrevista: com base num plano estruturado multitemático, falámos com uma amostra de quinze pessoas que utilizam a planície para obter informações.
- Equipamento técnico: inclui os instrumentos essenciais para a recolha de dados. Estes incluem ditafones, medidores, filtros, peneiras, etc.
- Equipamento de trabalho manual: trata-se de um conjunto de ferramentas manuais utilizadas para facilitar a exploração do sítio (essencialmente uma catana).

#### 4-2-6- Variáveis 2

Estávamos interessados em variáveis técnicas.

- Variáveis estáticas ou topográficas (forma do fundo da planície, aspeto geral da planície, presença de afloramentos, faceta topográfica, etc.).
- variáveis da dinâmica erosiva (nível de degradação das margens, condicionantes aluviais ou erosivas, caraterísticas aluviais, actividades biológicas, etc.).
- Variáveis geopedológicas (dimensão, densidade dos sedimentos, permeabilidade do solo, térmitas, etc.)

#### 4-2-7- Técnicas de recolha 2

- A entrevista: com a ajuda de um guia, tentámos saber, junto de uma amostra da população agrícola das terras baixas, quais as dificuldades que encontravam nas suas actividades agrícolas em relação ao terreno. A amostra era constituída por dirigentes ou representantes dos agricultores. Assim, eles responderam voluntariamente às perguntas sob a supervisão dos seus pares.
- Experimentação: mais especificamente, trata-se de provocar e recolher informações no terreno a partir de unidades fisiográficas. Estas unidades fisiográficas são porções de terreno com um carácter edáfico semelhante, em particular o mesmo solo ou combinação de solos, e uma morfodinâmica semelhante sob condicionantes hidrológicas semelhantes. Parte-se do princípio de

que uma unidade fisiográfica deste tipo reage aos agentes naturais e à atividade humana: por outras palavras, as mesmas condições aplicam-se de forma quase homogénea em toda a planície. Cada unidade fisiográfica pode então ser utilizada para observar um ou vários fenómenos. Esta forma de investigação permitiu-nos compreender melhor o papel dos elementos internos ao meio local na ocorrência de problemas geomorfológicos numa planície. Neste sentido, realizámos ensaios e recolhemos amostras para compreender a dinâmica do meio e os seus efeitos na estrutura de uma planície.

#### 4-2-8- Método de análise 2

Através de entrevistas com as populações locais e da obtenção de dados sobre a dinâmica da planície, foi possível relacionar os constrangimentos por elas expressos com o meio físico, a fim de estabelecer a presença de problemas geomorfológicos nos meios de diagnóstico.

Por outro lado, a extração de um segmento da planície sobre o qual tinha sido efectuada uma análise em grande escala permitiu obter um suporte físico compatível com as camadas artificiais. Este método permitiu ver em pormenor a organização topográfica do relevo, a ocupação e o uso do solo e medir a vulnerabilidade das questões em jogo se os riscos não fossem controlados.

### 4-3- ELEMENTOS E MÉTODO DE TRABALHO 3

#### 4-3-1- Recordação da pergunta 3

Como é que a comunidade agrícola na planície aluvial baixa e sem barragens está a demonstrar a sua resiliência?

#### 4-3-2- Recordação do objetivo 3

Identificar as soluções desenvolvidas pelos agricultores para fazer face aos condicionalismos geomorfológicos.

#### 4-3-3- Tipo de pesquisa 3

*Investigação qualitativa*: o objetivo desta investigação é saber como os agricultores enfrentam os constrangimentos ligados à erosão que afectam a sua zona de trabalho. Estamos a analisar as técnicas de adaptação que estes agricultores põem em prática para resistir, tanto quanto possível, aos constrangimentos impostos pelo meio natural.

*Investigação quantitativa*: trata-se de quantificar ou estimar no terreno dados com propriedades quantificáveis. Utilizando um instrumento de recolha de dados apropriado, foram registados valores como a superfície de terras cultivadas abandonadas ou acrescentadas devido a constrangimentos geomorfológicos, a quantidade de produção ganha ou perdida, o número de agricultores que se deslocam ou deixam a planície, etc.

*Investigação exploratória*: consistiu em descobrir as técnicas de adaptação utilizadas pelos agricultores, acompanhando-os e observando-os de perto durante a realização das suas tarefas. Quando necessário, utilizámos perguntas discretas e não ameaçadoras para aprofundar a nossa compreensão. Por exemplo: "O que é que faz em caso de inundação ou de risco de inundação para proteger as suas culturas?

**4-3-4- Tipo de dados 3**

- Dados factuais: são dados recolhidos a partir de observações no terreno (natureza do material, resistência do material, tipo de culturas, áreas cultivadas). Foram adquiridos através da observação e da experimentação.
- Dados empíricos: trata-se de anedotas e factos recolhidos junto dos agricultores das terras baixas através de trocas verbais. O seu objetivo era dar-nos a conhecer o seu saber-fazer em matéria de gestão dos movimentos da água na zona que exploram.
- Fotografia aérea: foi obtida uma fotografia aérea *do Google Earth* de agosto de 2019 relativa à sequência de análise das terras baixas, a fim de obter uma visão global do sítio. O sistema de projeção, a georreferenciação e o nível de cor eram de qualidade aceitável, permitindo-nos extrair as informações que procurávamos. Utilizando um software SIG, aplicámos um tratamento à fotografia para otimizar a classificação e obter uma melhor caraterização da ocupação do solo.

**4-3-5- Equipamento e instrumentos de recolha 3**

Utilizámos três tipos de instrumentos para recolher as informações necessárias para verificar esta hipótese.

- O questionário: utilizando perguntas específicas incluídas na secção sobre o objetivo 3, registámos as técnicas utilizadas pelos agricultores.
- A grelha de observação: permite ver de forma concreta como os agricultores desenvolvem a sua atividade. Ao obter dados factuais, a grelha de observação permite preencher as lacunas das informações verbais registadas e ir além do que foi relatado no questionário.

**4-3-6- Variável 3**

Iremos analisar as variáveis socioeconómicas.

- Reforço técnico: relativo à reavaliação do estado da superfície (evolução das superfícies, melhoria das parcelas, qualidade da plantação, tipo de equipamento agrícola)
- Reforço químico (utilização de fertilizantes, seleção de novas variedades de sementes, frequência dos tratamentos fitossanitários)
- Reforço profissional (formação agrícola, adesão a uma estrutura de gestão, assistência externa, agrupamento de actividades, nível de investimento)
- Reforço da agricultura (diversificação das culturas, abandono das terras baixas, cultivo de planaltos, combinação de agricultura e piscicultura)

### 4-3-7- Técnicas de recolha 3

- Inquérito: permitiu que os representantes dos actores da agricultura de planície se pronunciassem. Estas discussões basearam-se em entrevistas individuais e estruturais.
- Observação: utilizámos o método da observação ativa. Trata-se de um processo que consiste em ir até à imersão para compreender melhor a realidade dos trabalhadores e ver como a aplicação de certas estratégias constitui um baluarte contra os problemas locais.

### 4-3-8- Método de análise 3

É efectuada uma análise de conteúdo dos dados recolhidos. Este método de tratamento permitiu-nos identificar tendências específicas e estabelecer relações entre elas. Por exemplo, analisamos se o tipo de solo de uma parte da planície influencia o tipo de cultura do agricultor. Trata-se de descrever e analisar a utilização dos solos. O objetivo é ver e interpretar a distribuição das actividades na área de estudo. A partir de fotografias aéreas, procedeu-se à caraterização dos objectos identificados e das suas representações. Trata-se de um método humano de foto-interpretação, baseado na experiência que adquirimos ao ir para o terreno. A foto-interpretação é definida como a interpretação de fotografias aéreas e imagens espaciais. O objetivo é analisar fenómenos complexos em diferentes escalas de trabalho com base na sua forma e no seu nível de luminescência. A foto-interpretação é uma abordagem lógica e fundamentada baseada no exame visual das imagens por um operador denominado foto-interpretador. Esta abordagem lógica baseia-se no reconhecimento de objectos através do raciocínio, em que o operador identifica áreas homólogas com base na cor, textura e estrutura. A identificação de unidades geográficas consiste, portanto, na caraterização de áreas homogéneas, no exame da sua envolvente e na procura de áreas semelhantes.

III PARTE

# RESULTADOS E DISCUSSÃO

Terceira parte:

# RESULTADOS E DISCUSSÃO

*Esta secção apresenta os resultados obtidos com este estudo e abre uma perspetiva de reflexão ao situar o presente trabalho em relação a estudos anteriores.*

# CAPÍTULO 1: CONTEXTO EDÁFICO DAS TERRAS BAIXAS E RISCOS GEOMORFOLÓGICOS

As terras baixas são ambientes complexos cujo funcionamento é regido pelas condições hídricas locais e pela configuração geomorfológica dos interflúvios que as rodeiam. Apesar de serem consideradas zonas férteis, estas zonas não são plenamente utilizadas na África Ocidental, nomeadamente na Costa do Marfim, devido aos riscos que apresentam em situações de ausência de barragens.

Uma apresentação geral do ambiente permitirá uma melhor compreensão dos fenómenos que aí ocorrem e dos problemas daí resultantes.

## 5- APRESENTAÇÃO DOS PARÂMETROS DAS TERRAS BAIXAS

A escolha da planície objeto do presente estudo é guiada pelo desejo de compreender o que se passa numa planície antropizada, mas que ainda não foi objeto de qualquer desenvolvimento do tipo barragem e das infra-estruturas de irrigação associadas. A planície de Katiola possui um sistema de irrigação a fio de água, uma forma de irrigação mais ou menos informal, bastante comum na região. Também neste caso, é possível observar técnicas de resiliência por parte das populações agrícolas. Esta planície foi escolhida, por um lado, pelo seu carácter representativo à escala local das planícies desenvolvidas fora das barragens, num contexto com caraterísticas geomorfológicas específicas (perfil topográfico, tipo de relevo, micromodelo da planície, etc.) e, por outro lado, pela sua proximidade e facilidade de acesso (situa-se no eixo rodoviário Katiola-Dabakala, logo a seguir ao cemitério municipal de Katiola), pode ser facilmente monitorizada.

### 5-1- APRESENTAÇÃO DOS PARÂMETROS REGIONAIS

A bacia hidrográfica em que se situa a planície situa-se a leste da cidade de Katiola. A zona situa-se entre 8° e 9° de latitude norte e entre 5° e 6° de longitude oeste. O departamento não possui uma bacia hidrográfica própria. De acordo com Coulibaly (2009, p.88), o departamento está situado entre as bacias hidrográficas dos rios Bandama e N'Zi. É atravessado no centro pela estrada Katiola-Dabakala, que corre no sentido oeste-leste através das subprefeituras de Timbe e Bonieredougou.

A topografia é relativamente plana na margem sul, subindo gradualmente para norte. O relevo contribui para acelerar o escoamento dos cursos de água. Na parte norte, o escoamento é mais acentuado devido aos declives acentuados. No sul, a topografia relativamente plana contribui para abrandar o escoamento e para a apropriação das zonas deprimidas para fins agrícolas. Estas regiões são ricas em zonas de baixa altitude. É

De facto, é aqui que se situa a que é objeto do presente estudo (Figura 2).

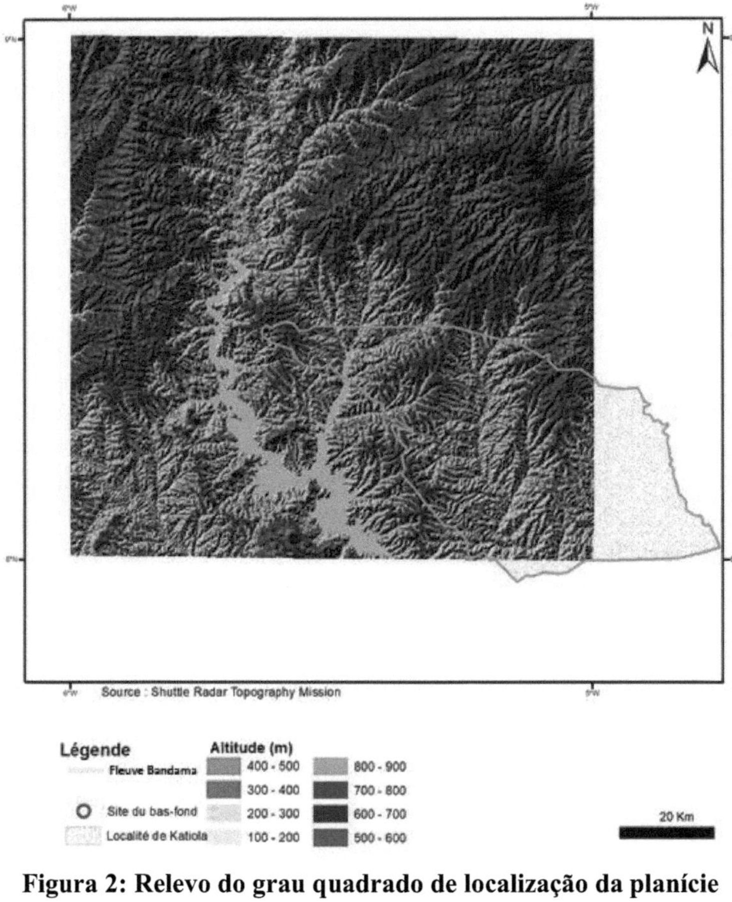


**Figura 2: Relevo do grau quadrado de localização da planície**

*Realização: Bini E.*

### 5-1-1. Um terreno irregular

O aspeto geral da planície não é muito irregular. As cotas são relativamente médias em relação à altitude geral da localidade. Um dos pontos mais altos da planície eleva-se a apenas 300 m, enquanto a altitude média da zona é ligeiramente superior a 400 metros, com uma descida para sudeste na zona de Katiola, onde a altitude é de cerca de 250 metros. Os declives são geralmente suaves, rondando os 5%. Quase nunca são sinuosas e têm apenas um ligeiro declive. Em certos locais, as margens apresentam declives acentuados de cerca de 15 metros, que caem diretamente nos baixios. As encostas não são dobradas nem cortadas, mas estão sujeitas ao impacto do vento, que altera o seu aspeto, transformando-as em faces de vento em parte decapitadas e em parte herbáceas.

[2]A bacia abrangida por este estudo tem uma orientação geral NW-SE e cobre uma área de cerca de 3 km, caracterizada por parcelas de cultivo de arroz e pousios ainda não cultivados.

A parte a montante é marcada por solos básicos, mais férteis e de textura mais fina. Estas zonas são caracterizadas pela presença de solos siltosos e argilo-limosos. A jusante, o modelo muda para depressões ligeiramente mais acentuadas com formações sedimentares constituídas por sedimentos eólicos, aluviões e, em alguns locais, crostas lateríticas.

### 5-1-2. Principais caraterísticas morfológicas

Os vastos planaltos tabulares aflorantes, como os de Katiola, constituem uma das principais caraterísticas morfológicas da paisagem regional. O endurecimento parece ser um processo importante e é muito frequente nesta região do norte da Costa do Marfim. As formas de relevo são essencialmente restos de couraças lateríticas resultantes da lixiviação de elementos soltos (areia, cascalho, etc.). Deste processo de erosão emergem interflúvios armados cortados pelo afundamento de uma rede hidrográfica, nomeadamente segundo os eixos de circulação da água, como as fracturas do embasamento cristalino. A partir do centro inferior, em direção a sudeste, alternam-se planaltos e zonas deprimidas.

### 5-1-3. O sistema fluvial

A bacia situa-se quase equidistante do rio Bandama, a oeste, e do rio N'Zi, a leste. Em termos práticos, situa-se a cerca de 30 km de cada lado dos leitos destes dois rios. Assim, beneficia de um abastecimento de água caracterizado pela presença de vários braços que descrevem itinerários sinuosos, com rápidos em alguns pontos. Após numerosos meandros na direção norte-sul, a planície é irrigada a um ritmo ditado pelo perfil topográfico da bacia hidrográfica. Caracterizado por declives médios a suaves, o caudal é relativamente médio, sobretudo em períodos de precipitação normal. A rede hidrográfica divide-se em canais de drenagem principais, canais secundários e canais terciários. O escoamento principal do talvegue suporta suficientemente o volume de escoamento nos períodos de média e baixa pluviosidade. O aspeto algo plano desta zona permite que a água se espalhe nos baixios. No entanto, durante os rápidos, com uma corrente por vezes muito forte e irregular, a rede hidrográfica é praticamente inexistente. Esta rede dá lugar a um afluente ou, na melhor das hipóteses, a um estuário.

Devido à sua vegetação de savana herbácea e savana arbustiva, esta região é muito suscetível ao escoamento superficial e ao encouraçamento, pelo que o seu relevo é marcado pela alternância de glaciares e zonas deprimidas.

### 5-1-4. Perfil longitudinal

O perfil longitudinal da bacia hidrográfica é relativamente regular e pouco acentuado (Coulibaly, 2009, p.39). Este facto deve-se em parte à forma geral do relevo, mas também ao seu desenvolvimento humano. Inclinando-se para sudeste, inclui algumas colinas rochosas ou orgânicas de tamanho médio em alguns locais. Os declives são ligeiramente acentuados, mas íngremes nos lados.

O perfil longitudinal alterna trechos horizontais e declivosos, a fim de regular a passagem e o volume de água necessário para irrigar uma parcela de arroz. Os perfis em torno do perímetro da bacia são caracterizados por perfis convexos devido ao facto de a floresta de galeria estar presente em quase toda a bacia a montante. Nalguns locais, as manchas deste terreno convexo são utilizadas para fins agrícolas.

No interior da bacia, a perturbação é reduzida na secção a jusante devido à topografia quase plana. O solapamento das margens a montante e o escoamento dos sedimentos em decomposição são levados para a parte a jusante da bacia, criando um assoreamento quase permanente.

O regime hidrológico e a estrutura do sistema fluvial da bacia dependem em grande medida da topografia e do clima, mas também da natureza das diversas formações geológicas atravessadas. Na zona norte, por exemplo, o regime hidrológico é mais acentuado devido à proximidade dos cursos de água que alimentam a bacia e à textura predominantemente dura e argilosa, que favorece o escoamento lateral em detrimento da infiltração. Na zona sul, a rede hidrográfica é mais irregular e estagnada ou infiltrante consoante a estação do ano, devido à textura predominantemente arenosa.

### 5-1-5. A base rochosa da bacia hidrográfica

A bacia hidrográfica, enquadramento espacial do estudo, situa-se integralmente em formações argilosas e arenosas heterogéneas, com armaduras ferruginosas aflorantes ou subaflorantes no topo dos interflúvios, enquanto as areias siltosas revestem os leitos e talvegues das terras baixas. Estas formações sedimentares, que apresentam níveis de endurecimento ferruginoso resultantes da degradação e desagregação dos componentes das armaduras desmanteladas, reflectindo um processo de retrabalhamento, são marcadas pela presença de um lençol freático quase permanente. O lençol de água encontra-se disseminado nas areias argilosas e nos arenitos heterogéneos. Actua como suporte durante os períodos de águas baixas e é alimentado pelas cheias durante as épocas de maior pluviosidade.

A sedimentação é principalmente detrítica (areia, arenito) a montante e mais fina (argila) a jusante. Esta distribuição deve-se ao facto de o fluxo transportar os materiais mais leves e tender a deixar os mais pesados no local ou a uma curta distância. As formações que o compõem seguem os traços dos ciclos. Ao longo das estações e com o ritmo do escoamento, o processo de erosão favoreceu uma triagem natural de acordo com o tamanho e o peso dos sedimentos. Assim, na distribuição espacial dos materiais, os elementos grosseiros migraram progressivamente para o sul da região. No entanto, mesmo na parte de montante, existem bolsas de elementos grosseiros, muitos dos quais resultantes da desagregação dos taludes encouraçados. As actuais formas de ocupação das terras baixas estão intimamente ligadas aos solos actuais, que são em grande parte hidromórficos no talvegue e ferruginosos nas encostas.

## 5-2- APRESENTAÇÃO SEQUENCIAL DO CONTEXTO MORFOPEDOLÓGICO LOCAL

### 5-2-1. Terreno

O relevo é quase uniforme nas terras baixas e pouco acentuado. É a variante topográfica local de uma planície incluída na peneplanície do Norte da Costa do Marfim, com altitudes médias locais até 300 m. A planície é uma ligeira depressão com uma profundidade inferior a 30 m (*Figura 3*).

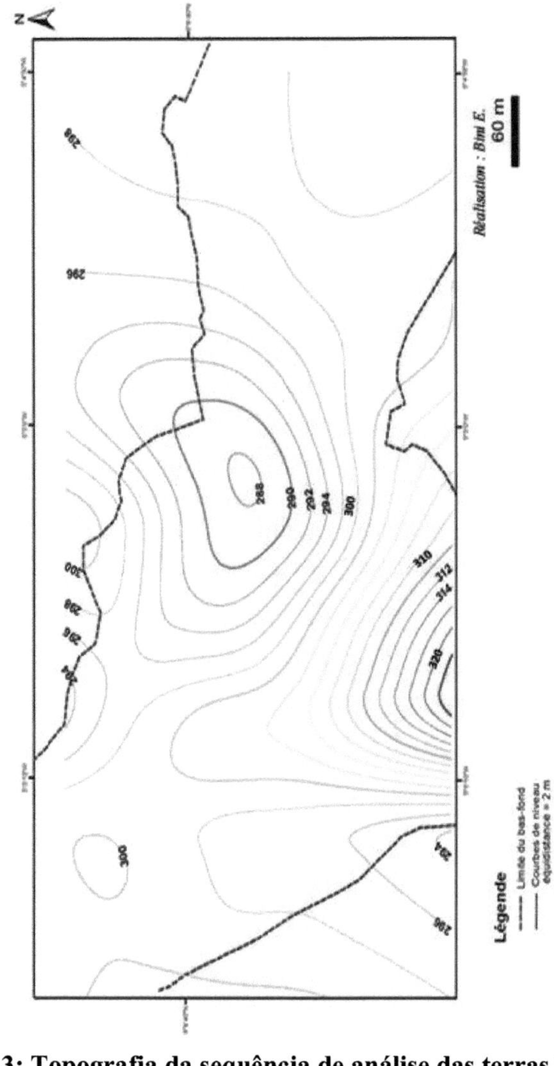


**Figura 3: Topografia da sequência de análise das terras baixas**

*Fonte: Google Earth, 2019*

### 5-2-2. Interflúvios geralmente cascalhentos

Os montes blindados residuais, os planaltos blindados e/ou cascalhentos constituem as formas de relevo dominantes em torno das terras baixas do sector Katiola. Estas zonas baixas são as principais formas de dissecação da peneplanície. Os solos de encosta mais ou menos armados ou glaciares desenvolvem-se, a norte, sobre gres mais ou menos argilosos e, a sul, sobre formações mais diversas. A planície está assente em areias e cascalhos heterogéneos. As amostras pedológicas dos principais sítios revelam Regosols em material cascalhento e solos que evoluíram pouco em resultado de factores hidromórficos. Os litossolos sobre rocha armada estão confinados às quebras de declive onde a rocha armada aflora de forma convexa. Surgem esporadicamente na zona de planície em locais onde a unidade geológica do substrato corresponde a este tipo de formação. Aparecem também pontos descontínuos de afloramentos mais ou menos elevados, distribuídos de acordo com a extensão do relevo e a natureza da rocha. As suas formas convexas tornam-nas difíceis de penetrar. Os declives relativamente suaves são muitas vezes essencialmente cascalhentos, com solos castanhos eutróficos como produtos de alteração.

### 5-2-3. Pedologia da glacis de espalhamento

A partir dos pontos altos definidos pelos planaltos ou colinas, as encostas afunilam em direção ao eixo de drenagem. Este tipo de perfil topográfico contém duas unidades de solo: por um lado, os litossolos sobre couraças desmanteladas que se encontram no troço de montante, com uma textura que contém uma elevada proporção de material cascalhento. Estas formações correspondem a solos lixiviados ferruginosos resultantes de coluviões ao longo da margem esquerda; por outro lado, a jusante, encontram-se regossolos de entrada hidromórfica sobre material colúvio-aluvial cascalhento. A textura granítica cascalhenta domina as encostas mais baixas.

### 5-2-4. Solos de planície

Em sentido lato, o solo de planície é a sequência pedológica que ocupa os fundos de vale: a morfopedologia integra aqui micro-terraços colúvio-aluviais com vales. Mas a uma escala maior, ou seja, de muito perto, os pormenores das suas caraterísticas fisiográficas e pedológicas tornam-se mais claros.

#### 5-2-4.1. Solos hidromórficos sobre material cascalhento

Esta unidade abrange os eixos de drenagem e a parte norte da planície. Os solos são de textura cambial, apresentando sinais de alteração em maior ou menor grau a nível subsuperficial. A sua estrutura varia de argilosa a castanho-arenosa-argilosa, com uma superfície bastante cascalhenta (*Placa Fotográfica 1*). O teor em matéria orgânica é bastante baixo e, por conseguinte, a fertilidade também. Esta é a caraterística dos solos de planície muito filtrantes. A permeabilidade excessiva destes solos de planície conduz a uma lixiviação mineral significativa.

**Placa fotográfica 1: Solo câmbico constituído por agregados de materiais argilosos ou areno-argilosos num horizonte sub-superficial.**

*Cliché: BINIE, 2019*

### 5-2-4.2. Solos hidromórficos em material aluvial

Esta unidade ocupa principalmente as terras baixas na sua parte sul. É constituída principalmente por solos hidromórficos superficiais e globais sobre material aluvial variável, mas frequentemente siltoso ou silto-argiloso. Estes solos, ditos melânicos devido à sua cor cinzenta escura ou negra, são de facto ricos em matéria orgânica (*placa fotográfica 2)*. Apresentam uma estrutura bastante homogénea e friável. A fertilidade química é muito variável. É geralmente deficiente em relação à fertilidade orgânica.

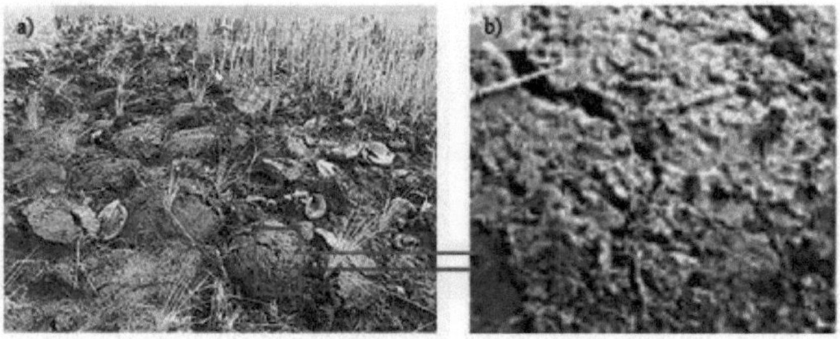

**Fotografia 2: Solo melânico com matéria orgânica muito humificada e vestígios de erosão**

*Cliché: BINIE, 2019*

### 5-2-4.3. Solos ferruginosos com concreções e manchas

Desenvolvem-se sobre material coluvial-aluvial. Na maioria das vezes, estes solos têm uma textura argilosa e impermeável à superfície (*placa fotográfica 3*). A sua cor é cinzenta ou castanha. Estes solos apresentam geralmente vestígios de gley à superfície. Este tipo de solo, designado por antracite, encontra-se disperso nas terras baixas. Este tipo de solo tem um baixo teor de matéria orgânica e uma fertilidade relativa.

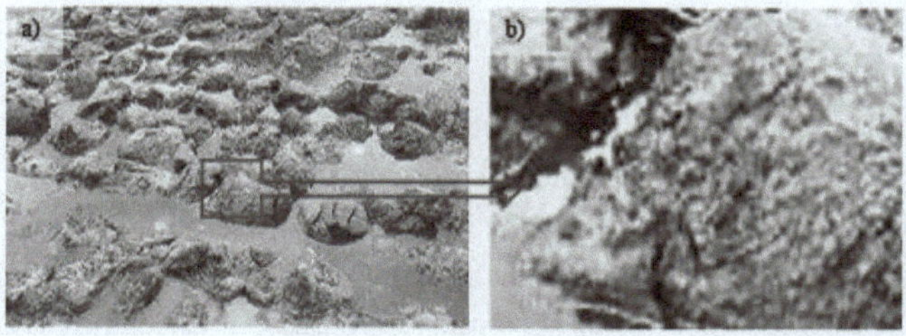


**Placa fotográfica 3: Solo antraquino suscetível de desmoronamento e erosão em condições aeróbicas**

*Cliche : BINI E., 2019*

## 6- PROPRIEDADES FÍSICAS E RISCOS GEOMORFOLÓGICOS

A topografia é um fator dominante nos riscos geomorfológicos. Desempenha um papel fundamental na erosão das vertentes e no aumento da carga sedimentar nas bacias e, por conseguinte, nas planícies. Além disso, as interferências climáticas, edáficas e geológicas têm um impacto no nível destes riscos, tanto na sua evolução como na sua distribuição geográfica na planície. A planície é muito dependente do contexto topográfico em que se insere. Por exemplo, é possível observar formações sedimentares que incluem níveis de materiais endurecidos do tipo fragisterite ou petrosterite. Estas formações podem ser explicadas pelo desmantelamento de obras de arte a montante. As escorrências daí resultantes desenvolvem a progressão das aluviões, com diferentes graus e consequências em certas zonas da planície. Mesmo que a ação do vento não possa ser excluída, os riscos geomorfológicos a que esta planície está exposta são essencialmente devidos à ação da invernada.

### 6-1- RISCOS DE ABRASÃO EM DECLIVES

A zona baixa em estudo está inserida numa bacia desenvolvida no exterior da barragem. Por conseguinte, os solos areno-argilosos identificados contêm, em alguns locais, material proveniente de encostas de dimensões variáveis e de declives relativamente acentuados. O clima da região caracteriza-se por uma alternância de uma estação chuvosa, entre o final de maio e o final de outubro, e uma estação seca rigorosa. Consoante o ano, o clima é idêntico ao das zonas setentrionais, que têm uma única estação das chuvas, ou ao das zonas meridionais, que têm duas estações das chuvas alternadas com duas estações secas. Neste último caso, as chuvas distribuem-se geralmente por seis meses, de abril a junho e de agosto a outubro. Estas chuvas têm um efeito erosivo em certas partes da muralha da planície.

Este efeito é marcado por um forte escoamento superficial em solos acidentados, devido à duração da estação seca, à rugosidade do substrato ou à ausência de cobertura vegetal.

Perto da extremidade jusante destas vertentes, é possível observar esterite e outros materiais transportados pelo escoamento superficial das vertentes (*Foto 4*). Algumas das depressões, geralmente as localizadas junto ou na corrente destas vertentes, contêm detritos ferruginosos. Alguns canais de água não são poupados. Em alguns locais, encontram-se areias grossas e cascalhos de aluvião, nomeadamente no limite oeste. Os solos de cascalho predominam no sector ocidental da planície. São dispersos a partir dos escombros de cuirros acumulados no sopé das escarpas (megaepilito esterítico). Trata-se, portanto, de solos derivados de ciclos abrasivos sucessivos que afectam as encostas. Os canais são frequentemente afectados pelo fenómeno de obstrução devido à presença de material na rede hidrográfica ligado à topografia quase plana da planície e à proximidade de unidades desagregáveis (*Placa fotográfica 5).*

**Placa fotográfica 4: Solo de plinto marcado por uma elevada concentração de nódulos claros resultantes da alteração de vertentes ferruginosas (material de plinto ou nodular revestido de óxido de ferro).**

**Placa fotográfica 5: Presença nos canais de nódulos coluviais líquidos resultantes da alteração de lajes ferruginosas nas encostas.**

*Cliche : BINI E., 2019*

## 6-2- RISCO DE INUNDAÇÕES NAS PLANÍCIES

Para além da ligação da planície aos cursos de água regionais através de afluentes, a água é também fornecida pela chuva ou pelo escoamento das encostas após uma chuva intensa. Este último modo de abastecimento varia consoante a existência ou não de instalações para o efeito. O escoamento das vertentes pode ser canalizado através de pequenas estruturas ou, na maioria dos casos, efectua-se por escoamento superficial das vertentes.

Mas a presença destas microestruturas naturais de recolha e de difusão da água nas planícies é quase inexistente. Além disso, para conceber quaisquer pequenas estruturas nas terras baixas, é necessário primeiro estimar a quantidade de água que flui em diferentes escalas temporais (diária, mensal e anual). Estes dados são tanto mais importantes quanto os riscos climáticos estão a expor cada vez mais as terras baixas a regimes de precipitação para os quais os agricultores não estão preparados. Este estado de coisas pode ser explicado pelo facto de que um desenvolvimento só é benéfico se for economicamente viável.

rentável. Um desenvolvimento com controlo total da água (barragem e irrigação) não seria rentável para as áreas atualmente cultivadas.

As pequenas estações de tratamento de águas residuais das planícies têm dificuldade em suportar as elevadas pressões e as grandes quantidades de água. O facto de o nivelamento não ser totalmente regular acentua a concentração de água em certas zonas da planície. Por conseguinte, o centro da planície é mais encharcado. O volume de água diminui progressivamente em direção aos muros (*Figura 4*).

### 6-2-1. Escorraçamento

A planície de Katiola tem uma precipitação de cerca de 1.000 mm. Caracteriza-se por declives médios e solos relativamente infiltráveis. O escoamento é, por conseguinte, constante durante os períodos normais.

No entanto, em períodos muito húmidos, a elevada pluviosidade, associada à natureza do substrato geológico e à morfometria da bacia, gera um escoamento relativamente elevado na planície. Por vezes, as plantas são arrastadas pela corrente ou ficam completamente cobertas durante alguns dias. O fenómeno do acamamento do arroz durante as inundações é muito frequente nesta região. De facto, a variedade de arroz aqui cultivada não tem as mesmas propriedades de flutuação que o arroz de caule longo cultivado nos deltas dos grandes rios, como o Ganges ou o Brahmaputra, ou mesmo o Mekong (FAO, cf. fao.org). O risco de inundações é relativamente elevado durante os meses em que se registam os picos de precipitação (maio-junho e agosto-setembro). São também mais elevados no início e no fim da estação das chuvas, devido ao coberto vegetal degradado e à rede hidrográfica saturada. O escoamento é, portanto, sensível às condições do solo e do coberto vegetal. Note-se que os dois últimos anos foram muito chuvosos em Katiola, de acordo com os relatos de testemunhas.

### 6-2-2. Infiltração

Tal como o escoamento, a infiltração depende da natureza do solo e, sobretudo, do estado da sua superfície. Evidentemente, a precipitação fraca e contínua desempenhará um papel importante na recarga dos lençóis freáticos: trata-se da chuva de encharcamento identificada com um simulador de chuva durante os estudos de laboratório (cf. E Roose, 1977). A infiltração permite recarregar as reservas subterrâneas a fim de satisfazer as necessidades hídricas das plantas durante os períodos de seca. No entanto, como a planície se situa essencialmente numa região depressiva, é geralmente irrigada pelas últimas passagens de água ainda activas. Com uma textura predominantemente argilosa, a retenção de água nas camadas superiores é efectiva durante um período bastante longo. Por conseguinte, a parte central da planície não é tão seca como na região saheliana, uma vez que o lençol freático não se encontra muito afastado. Além disso, durante a estação das chuvas, os efeitos de declive associados à natureza das vertentes determinam a violência das inundações nas planícies. Os solos das planícies são geralmente permeáveis no início da estação das chuvas, facilitando a infiltração, mas uma vez saturados, tornam-se impermeáveis. Mais tarde, o solo compacta-se.

### 6-2-3. Evaporação

Durante os períodos de cheia, a evaporação predomina nas terras baixas. O solo predominantemente argiloso retarda a infiltração e a folhagem fina não constitui um obstáculo importante à infiltração dos raios solares. No entanto, o mesmo não acontece nas encostas, onde a evaporação resulta essencialmente da transpiração das plantas: é a chamada evapotranspiração. A vegetação nestas zonas é mais densa.

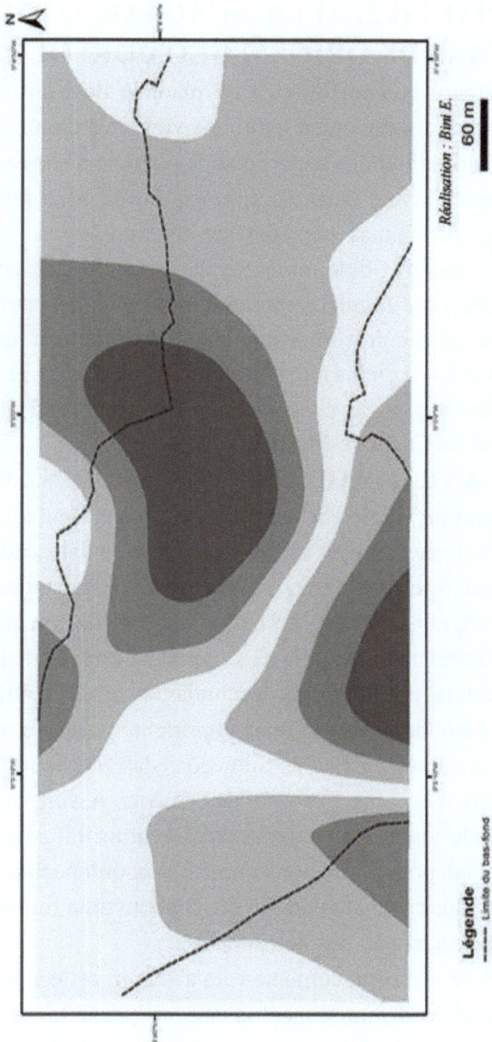


**Figura 4: Nível de vulnerabilidade a inundações da sequência de análise das terras baixas**

*Fonte: Google Earth.*

# CAPÍTULO 2: APLICAÇÃO LOCAL DE PROBLEMAS DE ORIGEM GEOMORFOLÓGICA

Os problemas de origem geomorfológica da planície de Katiola-Gnomonkaha estão ligados à estrutura e à dinâmica geral das vertentes circundantes, a que se juntam os efeitos da hidrodinâmica superficial da planície no seu estado atual. Por vezes dificilmente perceptíveis antes da apropriação da zona pelos agricultores que a utilizam, estes problemas parecem ser omnipresentes. Ao ponto de se tornarem verdadeiros factores determinantes da produtividade económica desta planície, que se desenvolve regularmente nos subúrbios orientais da cidade de Katiola. Trata-se de obstáculos impostos pela geodinâmica externa atual, a expressão e a continuação de ciclos morfoclimáticos subactuais, em conformidade com as explicações morfogénicas propostas por Filleron (1995) para a dinâmica das vertentes do norte da Costa do Marfim.

## 7- MARCAS E IMPACTOS DA MORFODINÂMICA

O enquadramento geomorfológico desempenha um papel fundamental na fluidez da água nas planícies. Consoante a estrutura do relevo, a variedade dos materiais e a sua evolução espácio-temporal, o comportamento deste enquadramento pode ser hostil ou favorável ao bom desenvolvimento da planície. Assim, o desenvolvimento da planície de Katiola-Gnomonkaha está intimamente ligado às caraterísticas ambientais das encostas circundantes e à dinâmica interna da planície (quadro 1). Este facto é ainda mais importante porque a principal cultura de planície, o arroz, é muito sensível às flutuações das condições climáticas e do caudal do lençol freático durante a estação das chuvas. Assim, um bom controlo do nível da água, tendo em conta os parâmetros geomorfológicos (declives) e a hidrodinâmica potencial, poderia favorecer uma boa coordenação entre as culturas e as disponibilidades hídricas. Esta poderia ser também uma forma de combater o empobrecimento e a degradação dos solos locais.

Infelizmente, o nível de resposta, como se verá a seguir, reflecte ou impotência ou uma subestimação dos constrangimentos naturais presentes.

Deste ponto de vista, utilizaremos o quadro de análise multicritério proposto por Albergel (1993), que é ilustrado num quadro sinóptico que apresenta diferentes situações.

| Parâmetros a estudar para o desenvolvimento das terras baixas | Critérios regionais | | | | Critérios locais | | | |
|---|---|---|---|---|---|---|---|---|
| | Zonas climáticas | Geologia e relevo | Dados demográficos | Integração na economia de mercado | Dimensão e morfologia da bacia | Organização social e fundiária | Competências de gestão da água dos agricultores | Acesso a fontes de financiamento |
| Funcionamento hidrológico | ++ | ++ | 0 | 0 | ++ | 0 | + | 0 |
| Funcionamento hidrogeológico | ++ | ++ | + | 0 | + | 0 | + | 0 |
| Pavimentos | ++ | ++ | + | 0 | + | + | + | 0 |
| Vegetação | ++ | + | + | + | + | + | 0 | + |
| Sistema de cultivo de terras baixas | ++ | + | + | ++ | + | + | ++ | ++ |
| Local da planície / sistema de produção | ++ | + | + | ++ | ++ | ++ | ++ | ++ |
| Possibilidade de intensificação | ++ | 0 | ++ | ++ | + | ++ | ++ | ++ |
| Nível técnico de desenvolvimento | + | + | + | + | ++ | ++ | ++ | ++ |

**0 não dependente, + dependente, ++muito dependente**

**Quadro 1: Critérios de tipologia das terras baixas e relação com os parâmetros de desenvolvimento (Segundo Albergel, 1993)**

## 7-1- PROBLEMAS MORFODINÂMICOS RELACIONADOS COM A NÃO GESTÃO DA ÁGUA

A maior preocupação no desenvolvimento das terras baixas continua a ser a falta de controlo da água. Evidentemente, a dificuldade de controlo da água nas planícies está ligada à qualidade das instalações hidroagrícolas e à gestão eficaz da água, sabendo enfrentar os riscos climáticos. O risco de inundações ou de secas é uma certeza, sobretudo no atual contexto de alterações climáticas. Ocasionalmente, situações particulares podem conferir a uma zona baixa um carácter torrencial. Não é por acaso que os fenómenos meteorológicos dos últimos anos se têm tornado cada vez mais extremos. Com efeito, a ocorrência de inundações é cada vez mais frequente em toda a África Ocidental. Não é, portanto, surpreendente que as terras baixas sejam mais vulneráveis às inundações durante os períodos de chuva intensa. A chuva intensa aumenta o nível da água nos

afluentes dos rios. Os lençóis freáticos submergem então as zonas de depressão, tornando as zonas de planície inutilizáveis até ao momento da descida.
Os resultados da análise da topossequência ilustram este facto (Figura 3). Foi efectuada uma interpolação a partir das altitudes dos pontos de observação recolhidos no local. Esta foi utilizada para cartografar a propagação da água e avaliar o risco de perda em função do nível de submersão. A água corre na direção NW-SE. Em caso de chuvas fortes, o nível da água sobe devido ao escoamento normal e ao escoamento das vertentes ocidentais. Esta grande quantidade de água é difícil de canalizar através das infra-estruturas improvisadas para o efeito. A precariedade destas infra-estruturas leva a que rapidamente se tornem inoperacionais. Caso contrário, são muito rapidamente danificadas para os mais resistentes.
O relevo longitudinal da planície, caracterizado por declives suaves e solos essencialmente argilosos, favorece a acumulação de água no centro da planície e mais amplamente no leito aluvial. Em condições normais, a água é pouco turva e flui lentamente, transportando sedimentos ligeiros para sul. No entanto, em caso de chuvas excepcionais e torrenciais,
1a ação erosiva da água expõe a vulnerabilidade das zonas baixas desenvolvidas fora das barragens.
O impacto negativo das estações chuvosas é tão notório nas estruturas hidráulicas, como os diques nas zonas baixas, como nas culturas. A topossequência analisada permite identificar as zonas susceptíveis de serem submersas em função de um gradiente de gravidade. O escoamento tem origem nas encostas, o nível da água sobe e concentra-se cada vez mais no centro da depressão, ou seja, no leito menor da planície, como indicado pelas curvas de nível. Os diques altos são mais susceptíveis de ficarem submersos ou de desmoronarem em certos locais. Assim, as bacias de rizicultura situadas nas zonas saturadas ficam sem muralhas na sequência da destruição parcial ou total dos diques durante um período que pode, por vezes, ser relativamente longo, o que constitui um risco importante para as plantas, neste caso o arroz.
A boa distribuição aquática nos arrozais é também determinada pela presença ou ausência de micromodelos na planície. Os mais importantes destes micromodelos conferem um certo ritmo ao regime de escoamento. A degradação das barreiras de terra e, de um modo mais geral, dos micromodelos artificiais ou naturais (geótopo sobre termiteiras) pela ação abrasiva da água modifica assim a textura do solo e o equilíbrio pedológico da planície. As porções de terras ribeirinhas muito próximas da planície, frequentemente utilizadas para a cultura do amendoim e do milho, são igualmente afectadas pela ação erosiva da água nas margens da planície.

### 7-1-1. Problemas de água ligados ao escoamento

A intensidade do problema varia de acordo com o padrão regional de precipitação sazonal. Em Katiola, a precipitação é de cerca de 1000 mm/ano. As fortes inundações são causadas por esta precipitação, associada a uma inclinação geral norte-sul das terras baixas. A sinergia destes factores faz com que as plantas jovens de arroz sejam arrancadas no início da estação de cultivo e da estação das chuvas, ou no final da estação das chuvas.

Durante a estação das chuvas, é frequente haver um ou mais dias entre dois aguaceiros. Mas também é possível que os aguaceiros se prolonguem por vários dias. Estes aguaceiros sucessivos durante vários dias podem submergir e, por vezes, até sufocar as culturas plantadas nas zonas mais baixas da planície. Mesmo que algumas plantas, como o arroz, possam suportar a submersão durante menos de 3 dias, as consequências podem ser catastróficas para as plantas para além desse período. Além disso, a textura do substrato, consoante seja impermeável ou ligeiramente permeável, afecta a taxa de percolação.

A planície apresenta assim dois cenários de problemas hídricos ligados ao escoamento. Isto deve-se ao facto de a topografia do local, enquanto recetáculo, favorecer a convergência das águas superficiais. O primeiro cenário apresenta uma zona de baixa altitude com um escoamento elevado devido ao grande caudal de água, provocando o desenraizamento de plantas jovens. O segundo cenário apresenta uma planície submersa, de escoamento lento, devido ao nivelamento adequado do sítio sobre um solo argiloso de baixa permeabilidade. Neste contexto, as plantas permanecem submersas durante muito tempo. Em ambos os casos, as plântulas são gravemente afectadas pelo escoamento incontrolado.

### 7-1-2. Problemas de água ligados ao escoamento

O contexto aqui é o dos declives interfluviais. As caraterísticas do escoamento dependem sempre das vertentes onde são registadas. A quantidade de água que desce pelas encostas depende da quantidade de precipitação. As vertentes são caracterizadas por solos de cor ocre. Existem zonas de endurecimento em alguns locais, desenvolvidas sob a forma de esterite. Estes solos são muito drenantes, uma vez que a sua capacidade de infiltração diminui de zonas pouco permeáveis para zonas muito endurecidas. O escoamento superficial é mais elevado nas zonas mais rugosas.

O escoamento superficial segue um processo claramente definido. A humidade é inicialmente aplicada a partir da zona não saturada e é estabelecido um equilíbrio entre a entrada e a capacidade de retenção do solo. Depois, à medida que a precipitação aumenta, é adicionada mais água e o equilíbrio é quebrado. Muito rapidamente, o excedente de água escorre para a planície, rente ao solo ou através de ravinas e barrancos. Esta capacidade de infiltração diminui rapidamente à medida que o inverno avança.

O escoamento superficial é mais pronunciado nas encostas com pouca vegetação. De facto, o escoamento é geralmente predominante nas formações de baixa permeabilidade do subsolo. O escoamento é também favorecido pelo prolongamento, nestas zonas, das superfícies desnudadas para a criação de pistas. Nos diferentes locais que formam o implúvio, o escoamento ocorre logo que as condições de humidade são suficientes. Este escoamento, inicialmente em forma de lençol, concentra-se localmente à medida que se verificam irregularidades topográficas locais, originando posteriormente ravinas.

A observação mostra um escoamento superficial ao longo de todo o declive e na direção dos reservatórios. O declive induz uma dinâmica lateral e conduz a um escoamento lateral. A maior parte dos locais afectados são as albufeiras situadas a jusante das vertentes ferruginosas a oeste da planície. O escoamento de montante infiltra-se gradualmente e desaparece nos segmentos topográficos arenosos. No entanto, nos segmentos argilosos, o escoamento mistura-se com a drenagem.

O escoamento aqui evidenciado diz respeito apenas a uma pequena parte da bacia, principalmente à zona da depressão coletora situada a oeste da planície e sua envolvente, e não à maior parte da planície.

## 7-2- PROBLEMAS RELACIONADOS COM O MESO-RELEVO

### 7-2-1. A forma da planície

A morfologia de uma planície é função da rede hidrográfica. Esta rede, por sua vez, depende do quadro geomorfológico global, do qual depende em grande parte a dinâmica local da planície. Ela determina igualmente a forma de ocupação do solo. A dimensão dos arrozais depende da forma da planície. [2]Em Katiola-Gnomonkaha, estes arrozais têm uma superfície de cerca de 30 m, de modo a ocupar o máximo de espaço possível na planície e em função da circulação da água. Esta forma de ocupação espacial segue a geometria da planície.

Em função do substrato geológico e da natureza das alterações, a rede é frouxa e dispersa nas regiões arenosas ou mais bem organizada e mais densa nas regiões argilosas. A planície estudada é irrigada por um dreno principal do qual partem ramificações secundárias em forma de espinha de peixe, dando à planície uma forma mais ou menos alongada.

O perfil lateral da planície é ligeiramente em V, com um leito relativamente plano. A forma desta planície torna muito vulneráveis as covas de arroz situadas no sopé dos declives acentuados. Geralmente constituídos por material cascalhento, estes segmentos escorrem diretamente para as bacias a jusante, enchendo-as de material grosseiro. Além disso, quanto maior o volume de escoamento e maior a sua duração, mais o colúvio-aluvião se espalha em direção ao centro e à jusante da planície *(Figura 5)*.

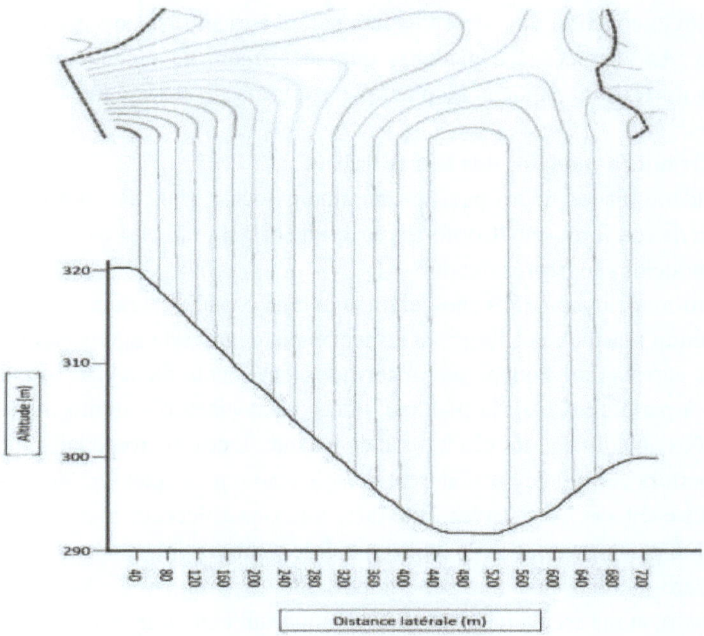


**Figura 5: Perfil lateral da planície**

Outro problema da forma reside no seu plano de inclinação. O fundo está inclinado quase horizontalmente. Isto resulta num fluxo relativamente lento e fluido em direção ao sul. É inegável que esta inclinação facilita o equilíbrio do nível da água nos baixios. Mas a natureza dos sedimentos, que variam entre argila e areia, consoante se esteja na parte norte ou sul, precipita uma descida do nível da água. Porque a parte arenosa acelera a infiltração. Assim, a planície está constantemente a equilibrar o nível da água, subtraindo à parte argilosa o volume infiltrado na parte arenosa.

**7-2-2. O solo das terras baixas**

O escoamento difuso é capaz de transportar partículas argilosas, siltosas e mesmo arenosas para as terras baixas. Micro-terrenos colúvio-aluviais são então formados nos pontos mais baixos das planícies, em áreas com declives acentuados. Este tipo de unidade só pode ser plenamente observado durante a estação das chuvas. Os solos ferruginosos próximos contaminam sectores da planície. Estas contaminações materializam-se por concreções ou manchas ferruginosas bastante grandes nos arrozais. Fazem lembrar o fenómeno de toxicidade do ferro no arroz. Estão ligadas ao enriquecimento em ferro proporcionado pelas águas subterrâneas inclinadas aquando da lixiviação oblíqua. A erosão das encostas traz camadas de elementos grosseiros para o solo de fundo. Este colúvio constitui uma desvantagem para a agricultura, pois esteriliza certas parcelas. As concreções e manchas que se formam na planície têm um teor elevado de ferro e expõem as plantas aos riscos de toxicidade férrica acima referidos.

**7-2-3. Os micro-modelos das terras baixas**

Foram identificados micro-padrões em alguns locais. Eles diferem consoante a natureza da sua formação. Conforme sejam de origem mineral ou orgânica, estes micro-modelos são bem marcados.

Os micro-modelos minerais são geralmente uma espécie de micro-bota residual. De estrutura mastoclinal, surgiram na sequência de uma desagregação parcial ou total da parte solta. Podem ser observados em locais da região granítica em direção à parte ocidental da planície, onde o escoamento é muito marcado por projecções no solo em direção à parte de jusante. Estes micromodelos quase não têm cobertura vegetal devido à dureza do solo e ao seu carácter ferroso. São pouco convexos e têm declives suaves. Este facto torna-os difíceis de identificar no local e contribui para os camuflar no meio ambiente. Embora em pequenas proporções, estes micro-modelos são uma parte importante da paisagem geológica do sítio e contribuem, numa escala relativa, para o comportamento hídrico da planície (*Foto 6*).

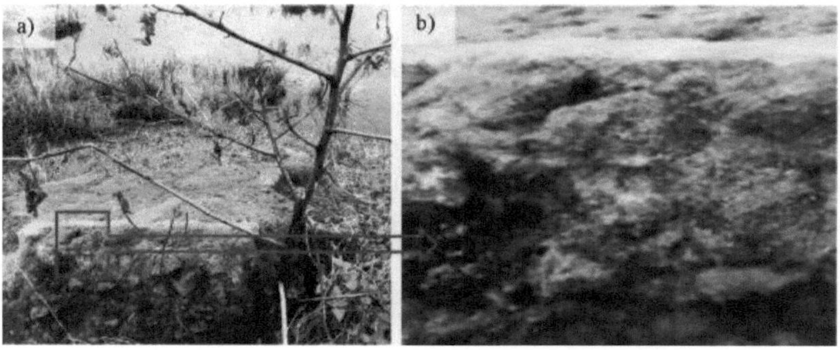


**Placa fotográfica 6: Estrutura de mastoclina com textura frágil, pois não facilita a percolação e a atividade biológica**

*Cliché: BINIE, 2019*

Os montes de formação orgânica são o resultado de factores bióticos. Nas terras baixas, correspondem a termiteiras relativamente numerosas. Uma termiteira é um ninho de térmitas, caracterizado por um monte de terra endurecida feita a partir de excrementos de térmitas e perfurada por numerosas aberturas e canais que comunicam com as galerias e câmaras no subsolo. Trata-se de armadilhas de

azoto. São facilmente identificáveis no local graças à sua dimensão. Algumas chegam a ter 2 m de altura e cerca de 5 m de diâmetro a partir da base. São geralmente de cor clara, embora algumas delas, neste caso as mais pequenas, sejam de cor escura, pois estão ainda em fase inicial de formação.
A estrutura da superfície apresenta-se sob a forma de fendas contíguas. Na planície de Katiola-Gnomonkaha, as térmitas são mais comuns na parte norte do que na parte sul. Esta desproporção espacial deve-se à textura predominantemente argilosa da parte norte. Nos seus flancos, há esporadicamente uma cobertura de erva clara ou ramos de vegetação rasteira próxima (*Foto placa 7*).

**Placa 7: Mega-modelo de tipo zoólito com placas ranhuradas contíguas**

*Cliché: BINIE, 2019*

Algumas termiteiras isoladas ainda estão activas, apesar da utilização de produtos químicos pelos produtores de arroz para higienizar as parcelas cultivadas. No entanto, muitas delas foram abandonadas e erodidas para as terras baixas. Esta situação tem um certo impacto no desenvolvimento agrícola local. O escoamento das térmitas leva à acumulação de materiais minerais nas fossas próximas. Esta adição de terra altera a limpeza do solo das fossas, tornando-o mais argiloso. Em caso de deslizamento de terra local frequente durante a estação das chuvas, toda uma parte da fossa, proporcional à termiteira, é danificada. Além disso, a presença e a evolução das térmitas na planície modificam a distribuição da água nos compartimentos. Encontrando-se por vezes na intersecção de duas ou mais bacias, a termiteira cria uma forma de depressão na bacia a jusante e uma forma de proeminência na bacia a montante. Isto resulta numa queda do fluxo de água no compartimento a montante e num aumento do fluxo no compartimento a jusante devido à queda. Para além disso, surgem por vezes termiteiras no meio da albufeira. Estas podem ser situações recorrentes que levam muitas vezes o orizicultor a abandonar a área afetada, em detrimento do seu potencial ganho económico. No local, observámos algumas covas abandonadas apesar do desmantelamento das térmitas (*Foto 1*).

**Foto 1: Caixa abandonada apesar do desmantelamento de uma termiteira**
*Cliché: BINIE, 2019*

### *7-2-4.* Os riscos de abandono devido ao coberto vegetal das terras baixas

A geomorfologia das terras baixas conduz a uma diversificação das propriedades pedológicas. O arroz aí cultivado não é totalmente uniforme no terreno. Além disso, nem todas as parcelas são desenvolvidas para fins agrícolas da mesma forma, pelo que não são mantidas com o mesmo cuidado. Esta situação favorece o crescimento rápido de ervas daninhas, o que constitui um fator de desmotivação, pois pode levar a um aumento da carga de trabalho dos agricultores e, por vezes, ao abandono das parcelas devido à forte presença de ervas daninhas. A monda é um trabalho duro e penoso, sobretudo se as terras baixas já estiverem semeadas com arroz. [2]Em casos semelhantes, o tempo de monda para uma parcela de 0,25 ha (2500 m) varia de 5 a 10 dias para uma pessoa. Esta estimativa implica um custo de produção mais elevado em termos de mão de obra num ambiente economicamente débil. Onde há uma cobertura considerável de ervas daninhas, os produtores de arroz utilizam herbicidas (Foto 2). No entanto, estes produtos químicos representam um perigo para as plantas, embora ofereçam certas vantagens.

**Foto 2: Relva seca após tratamento mais fácil com herbicida**
*Cliché: BINIE, 2019*

## 8- ALTERAÇÃO DO FUNCIONAMENTO HIDRÁULICO DA PLANÍCIE

As terras baixas são os fundos planos dos vales e dos pequenos vales. Como tal, constituem importantes vias de escoamento de águas. As terras baixas são também diretamente influenciadas pelos declives e picos dos modelos, principalmente através do transporte de sólidos e líquidos. A circulação hidráulica é organizada de forma dendrítica, resultando na redução do fluxo de água em ramos cada vez mais pequenos derivados do escoamento principal. A disposição dos ramais e a organização das confluências mostram que se trata de uma rede hierarquizada que exige uma grande manutenção. No entanto, a geomorfologia do meio confere-lhe um carácter oculto que pode desestabilizar o sistema hidráulico.

### 8-1- AUMENTO DA CARGA DE SEDIMENTOS NOS RIOS E LAGOS

O aumento da carga sedimentar da planície deve-se a várias acções. Estas acções estão relacionadas com a difusão da água em função da topografia do meio (Figura 4). Com os aportes sedimentares provenientes das vertentes ocidentais e das regiões mais a montante, a norte, a planície torna-se muito rapidamente um recetáculo destes segmentos-fonte. Além disso, os diques dos poços de arroz funcionam, de certa forma, como faixas rugosas na planície. Durante os períodos de inundação normal, esta configuração da planície resulta num baixo fluxo de água em excesso. O processo de decantação maximiza a retenção de sedimentos nos baixios. As zonas mais deprimidas são muito vulneráveis, pois os assentamentos precários têm muito pouca resistência à pressão da água. Por conseguinte, o risco de destruição das culturas pela água é elevado.

#### 8-1-1. Um fornecimento complexo de sedimentos

São muitos os factores que determinam o abastecimento de água à planície: chuva, escoamento superficial, subida do nível do lençol freático durante uma parte do ano, ligações a afluentes, etc. Os movimentos da água na planície podem, portanto, ser superficiais ou hipodérmicos. Os movimentos da água na planície podem, portanto, ser superficiais ou hipodérmicos. A sinergia destes factores diversos, mas relacionados, está na base da atividade sedimentar desta zona.

O fornecimento de sedimentos varia em função dos períodos de inundação, da sua duração, da forma e da dinâmica das inundações, entre outros factores. Isto depende de parâmetros específicos da planície (dimensão, forma, declive, nivelamento, etc.) e de parâmetros ligados ao seu ambiente (relevo, vegetação, clima, forma da bacia hidrográfica). O momento e a altura da precipitação, a velocidade e a duração das cheias e outros parâmetros determinam a carga de água na planície. Determinam igualmente o impacto sobre o conforto e a saúde das culturas.

**8-1-2. A formação de depósitos aluviais**

Devido à sua topografia relativamente plana, a circulação da água na planície é caracterizada por uma rede pouco acentuada. Em alguns locais, a dispersão da água nas bacias descreve um fluxo constante e contínuo, formando bacias inundadas na estação das chuvas e húmidas na estação seca. No entanto, podem reter alguma água estagnada do fagão até ao final da estação seca.

A carga de água que circula na planície provém de segmentos situados a cotas mais elevadas. Estes segmentos correspondem, por exemplo, às vertentes e aos afluentes que conduzem ao escoamento principal. A carga de água é mais acentuada no início da estação das chuvas. Durante este período, o solo está mais seco e mais dessecado. Por conseguinte, é rico em partículas finas. As primeiras chuvas, particularmente fortes, são mais susceptíveis de provocar a erosão de um solo seco e pouco coberto de plantas.

A densidade da carga de água é mais elevada a montante e mais baixa a jusante. Este facto deve-se à natureza argilosa da secção de montante. Esta textura, rica em partículas finas, é facilmente transportada pela água. Pode ser identificada pela cor ocre das águas de escorrência que se difundem nas albufeiras. Após a percolação das massas de água superficiais, uma camada argilosa recém-formada, de espessura variável em função do grau de afetividade, recobre partes do casco. Nas zonas arenosas, a água carregada de material forma um depósito caracterizado por uma cor mais clara e sedimentos mais grosseiros. Este depósito é o resultado da percolação num terreno plano e bastante permeável. A velocidade e o volume da água mantêm traços sinuosos no cascalho em detrimento dos diques.

A carga excessiva de água no material tem repercussões no traçado do sistema de irrigação e na textura dos arrozais. Sob pressão, os diques responsáveis pela canalização da água rompem-se. Isto provoca uma avalanche de material que enfraquece ou destrói as condutas de água. Noutros locais, os canais são bloqueados devido a uma grande acumulação de sedimentos nos locais onde os declives são pouco profundos. Consequentemente, alguns padoques podem não ser irrigados corretamente (Foto 3). Os próprios campos de arroz são afectados pelo assoreamento.

**Foto 3: Canal de água bloqueado por um transbordo de material**

*Cliché: BINIE, 2019*

## 8-2- CARACTERIZAÇÃO DA HIDROMORFIA EM ZONAS DE PLANÍCIE

A sucessão de estações ao longo do ano expõe a planície a períodos alternados de submersão e de inundação, o que, em termos de química do solo, corresponde a um processo de oxidação-redução. Os períodos de inundação provocam lixiviação, cuja extensão depende da intensidade e da duração do escoamento. Quanto às inundações, estas caracterizam-se pela dessecação, levando, em certos casos, à secagem total de certas partes das bacias de rizicultura situadas num meio argiloso. Estas condições estão ligadas à flutuação dos níveis de água no solo em função da deslocação do lençol freático.

A hidromorfia é um fator que regula a organização e a intensidade das partículas finas e, por conseguinte, a textura e/ou as propriedades do solo. A hidromorfia de uma planície é uma condição essencial para a cultura do arroz irrigado. As terras baixas fazem, portanto, parte das chamadas zonas de inundação. Devem, portanto, ser consideradas como o biótopo natural para a cultura do arroz de várzea.

Na planície, a hidromorfia varia consoante a estação do ano. A submersão durante a estação das chuvas cria condições anaeróbicas e, inversamente, as inundações recriam condições aeróbicas.

### 8-2-1. Submersão e riscos de toxicidade do ferro

O período de submersão é o período durante o qual uma grande quantidade de água escorre das encostas para a planície. Durante esta fase, uma grande quantidade de material é drenada dos segmentos ferruginosos, frequentemente endurecidos mas desnudados, e deposita-se nas partes da planície onde a água estagna. Verifica-se que os casos de siderotoxicidade ocorrem geralmente nas margens da planície, onde desembocam as escorrências das encostas. Nestas zonas, a água da albufeira apresenta uma cor ocre (Foto 4).

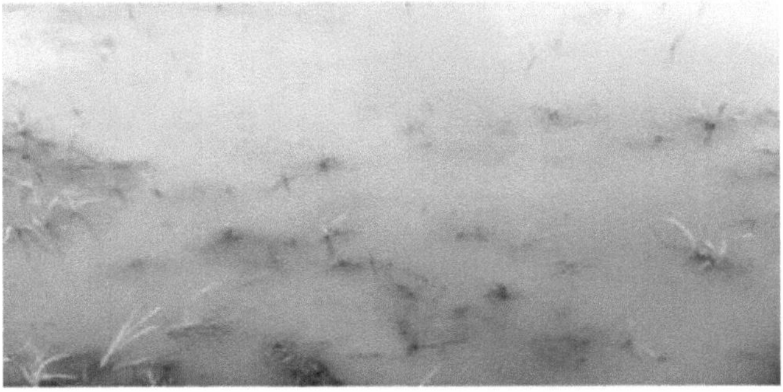

**Foto 4: Água colorida de um aterro sanitário que apresenta um risco de toxicidade por ferro**

*Cliché: BINIE, 2019*

Em condições anaeróbicas, as partículas de ferro tornam-se solúveis e concentram-se em determinadas zonas. A toxicidade do ferro ocorre quando esta concentração de partículas de ferro solúveis atinge cerca de 300 ppm. Esta toxicidade é percetível no arroz quando a planta é incapaz de reoxidar o seu ambiente através de um fornecimento de oxigénio. Consequentemente, as plantas jovens são enfraquecidas pelos elevados níveis de ferro no ambiente em que são transplantadas. Este enfraquecimento conduz frequentemente à perda de um grande número de plantas. O risco de toxicidade afecta a qualidade das plântulas. Este facto leva a uma alteração das datas de transplantação em relação às datas de risco de inundação. As submersões com concentrações elevadas de ferro ocorrem geralmente no início da estação das chuvas. Estas dão origem a escoamentos significativos e muito coloridos. O período de sementeira é, portanto, adiado para permitir que o escoamento dilua a concentração de elementos ferrosos. Quando o sistema de circulação da água é ineficaz, o caudal mais lento provoca uma maior estagnação dos resíduos em solução. Como resultado, persistem bolsas de toxicidade residual de ferro.

### 8-2-2. Exoneração e riscos de toxicidade do alumínio

A natureza geralmente húmida das terras baixas limita os casos de toxicidade do alumínio. É certo que, estando na parte norte da Costa do Marfim, há por vezes períodos de baixa humidade. No entanto, a topografia das planícies favorece a presença de um lençol freático sub-superficial. No entanto, um nível de água superior ao normal expõe as terras baixas ao risco de toxicidade da alumina. A toxicidade da alumina é uma intoxicação após o reinício da mineralização do solo. A transição para condições aeróbicas leva à re-oxidação. Em condições ácidas, o alumínio torna-se solúvel e pode levar à toxicidade, que pode ser agravada quando a precipitação demora a chegar. Isto acontece com bastante frequência nas regiões secas. O solo torna-se cada vez mais seco e, por conseguinte, cada vez mais ácido. A alumina, muito presente nos meios ferruginosos, liberta-se e conquista o terreno. Em termos concretos, a toxicidade da alumina manifesta-se no estado das plantas, caracterizado por uma atrofia das raízes e uma diminuição da densidade radicular. Com exceção de algumas zonas bastante isoladas, este tipo de estado é praticamente inexistente na planície de Katiola-Gnomonkaha. Com efeito, está em curso o fenómeno de humificação por decomposição da folhada, que bloqueia a produção de alumina. No entanto, no final da estação seca, observa-se ocasionalmente a formação de alumina, ga e la. Este período é de curta duração. Assim, os problemas de origem geomorfológica nas terras baixas podem ser agrupados segundo dois factores (quadro 2): por um lado, os ligados à dinâmica geomorfológica e, por outro, os ligados à hidráulica. As suas formas de expressão variam no espaço e no tempo. No entanto, estes problemas têm um impacto considerável nas actividades agrícolas da planície, na medida em que certas bacias são por vezes abandonadas, as culturas são encharcadas e as culturas intensificam-se ou migram para as encostas. A vulnerabilidade da planície torna-se assim evidente (Figura 6).

<table>
<tr><th colspan="2"></th><th>Problemas de origem geomorfológica</th><th>Identificação nos baixios</th><th>Impacto na agricultura</th></tr>
<tr><td rowspan="10">DOMÍNIOS DE APLICAÇÃO</td><td rowspan="7">Dinâmica geomorfológica</td><td rowspan="4">Falta de controlo da água</td><td>Forte ëcoн1eтeп1 das regiões a montante</td><td>Arranque de plantas</td></tr>
<tr><td>Baixa infiltração devido ao matëriau de argila</td><td>Plantas submersas</td></tr>
<tr><td>Dëbit ëкyë de escoamento de encostas dënudës</td><td>Desbaste de arrozais</td></tr>
<tr><td>Constância do escoamento superficial em declives dënudës</td><td>Deslizamento de encostas</td></tr>
<tr><td rowspan="3">Irregularidade do meso-relevo</td><td>Recuperação de terrenos de fundo</td><td>Vulnerabilidade dos lagos em declives acentuados</td></tr>
<tr><td>Folheado grosso</td><td>Stërilização de parcelas</td></tr>
<tr><td>Micromodelos orgânicos e miiK'raux</td><td>Abandono de cacifos</td></tr>
<tr><td rowspan="2">Funcionamento hidráulico</td><td rowspan="2">Aumento da carga sedimentar</td><td>Carga de água em função da velocidade e da duração das cheias</td><td>Vulnerabilidade da gestão</td></tr>
<tr><td>Topografia relativamente plana nas terras baixas</td><td>Obstrução de canais de irrigação</td></tr>
<tr><td rowspan="2">Funcionamento hidráulico</td><td rowspan="2">Condições hidromórficas alternadas</td><td>Escoamento mais lento, estagnação acentuada e risco de escoamento ferroso ou ëchoue das encostas</td><td>Atrofiamento das plantas</td></tr>
<tr><td>Inundações e risco de toxinas de alumina</td><td>Atrofia das raízes e diminuição da densidade radicular</td></tr>
</table>

**Quadro 2: Resumo dos problemas de origem geomorfológica nas terras baixas**

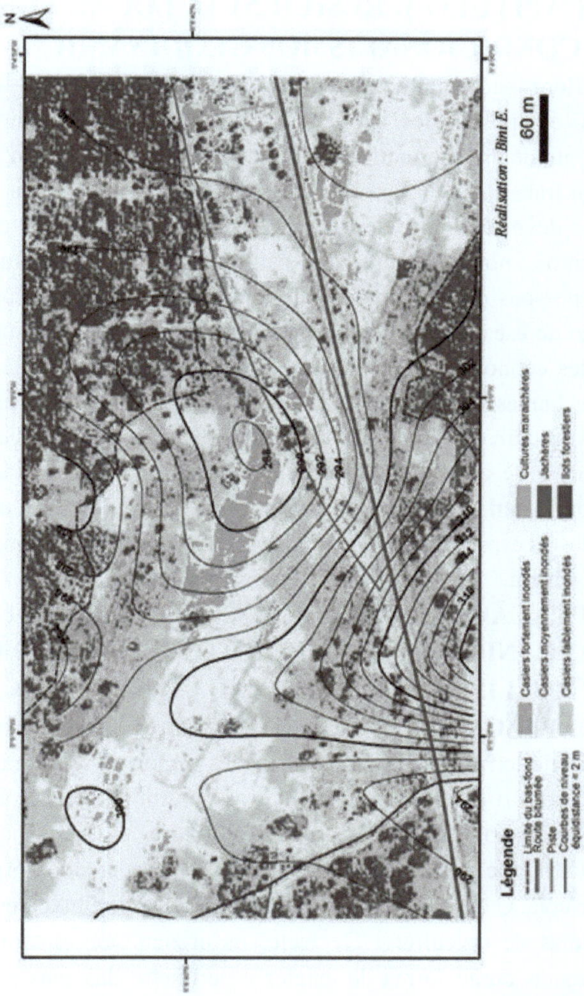


**Figura 6: Vulnerabilidade das questões agrícolas na sequência da análise das terras baixas**

*Fonte: Google Earth.*

# CAPÍTULO 3: RESILIÊNCIA LOCAL AOS CONDICIONALISMOS GEODINÂMICOS

Os vales interiores são geralmente considerados como ambientes férteis que, se bem geridos e optimizados, podem constituir uma oportunidade para o desenvolvimento de uma comunidade rural e/ou um maior conforto social para as pessoas que aí trabalham. O facto de, em alguns casos, estas zonas serem pouco desenvolvidas deve-se à falta de domínio técnico, uma vez que os numerosos constrangimentos, nomeadamente de natureza física, persistem apesar dos esforços das pessoas que as utilizam. O paradoxo é que nos encontramos hoje numa situação de escassez de recursos naturais, de empobrecimento fundiário e de dificuldades económicas, ao mesmo tempo que aumenta a pressão humana sobre as terras baixas. No entanto, a apropriação e a plena exploração económica destes meios geodinamicamente condicionados requerem um certo nível de aptidão técnica e de capacidade financeira por parte do campesinato. Os vales interiores combinam complexidade estrutural e fragilidade ambiental. A valorização destes espaços exige, por conseguinte, o desenvolvimento de técnicas locais de resistência.

## 9- ADAPTAÇÃO AOS PROBLEMAS GEOMORFOLÓGICOS DAS PLANÍCIES: UMA ABORDAGEM BASEADA NA UTILIZAÇÃO OPTIMIZADA DO ESPAÇO

### 9-1- ADAPTAÇÃO ESPÁCIO-TEMPORAL DAS SUPERFÍCIES

A recuperação de terras no limite das planícies tornou-se uma prática cada vez mais comum, com o objetivo de aumentar as possibilidades de obter colheitas suplementares num contexto de insegurança climática.

O primeiro fator que explica a sua utilização é uma melhor organização da superfície agrícola. O desenvolvimento de parcelas fora do fundo permite um bom acesso às bacias de rizicultura. De facto, os orizicultores optam por cultivar parcelas contíguas como forma de manter o perímetro das suas explorações. A lógica de limpeza da zona envolvente da planície incentiva a manutenção regular das parcelas plantadas na planície. Além disso, com o objetivo de controlar o escoamento, a cultura das encostas contribui para a criação de quebra-mares nos locais onde estes podem ser criados. Deste modo, o desnível entre as margens da planície e o próprio leito do rio contribui para reduzir a velocidade de escoamento nas encostas. Este tipo de arranjo é mais adequado para zonas com solos arenosos ou cascalhentos-arenosos. Esta disposição maximiza a quantidade de água estagnada através de uma percolação eficiente.

A diversificação das culturas pode ser considerada como um segundo fator que justifica o desenvolvimento das encostas e outras orlas de planície. As unidades

agrícolas desenvolvidas nestas zonas são essencialmente hortícolas. Esta forma de agricultura é possível e permanente graças a duas grandes vantagens: a acessibilidade das parcelas e a disponibilidade de recursos hídricos. A horticultura em encostas permite tirar o máximo partido de uma zona de planície. A escassez dos recursos necessários à agricultura, que requer água e matéria orgânica de qualidade, exige geralmente uma gestão integrada das zonas ribeirinhas.
Grande parte do valor da planície reside no desenvolvimento da cultura do arroz. As qualidades pedológicas do local e a disponibilidade de água são as principais razões do seu interesse. No entanto, as actividades agrícolas estenderam-se progressivamente às margens da planície. A falta de dados anteriores torna difícil avaliar o grau de utilização destas novas terras. No entanto, os testemunhos dos agricultores fornecem alguns elementos explicativos, como o carácter aleatório do preço de compra da produção de arroz, que motivou muitos agricultores a optarem por uma maior segurança financeira e alimentar, diversificando as suas explorações. Assim, para além das terras baixas, são cultivadas culturas alimentares nas zonas marginais. No entanto, o aumento da dimensão das parcelas cultivadas depende dos recursos financeiros do operador. [22]As superfícies variam geralmente entre 5m e 50m. Estas superfícies são progressivamente alargadas para fornecer recursos adicionais, como explicado acima.

## 9-2- ESFORÇOS PARA OPTIMIZAR A GESTÃO DAS ÁGUAS SUBTERRÂNEAS E CORRER

A realização do objetivo de gestão do lençol freático e do escoamento superficial nas terras baixas depende do conhecimento da topografia por parte dos intervenientes. De um ponto de vista puramente técnico, o objetivo é controlar as entradas e saídas de água, de modo a manter um nível freático suficiente para as necessidades fisiológicas do arroz. Trata-se de uma procura constante de equilíbrio que deve ser controlada, tanto nas bacias de orizicultura como nos canais de distribuição de água. O facto de o desenvolvimento das terras baixas não ser de tipo avançado limita a sua capacidade de resistir a períodos de inundação. Apresenta todas as carências de uma infraestrutura arcaica. Assim, embora a subida do nível do lençol freático na planície seja uma vantagem, continua a ser temida pelos agricultores. A planície não dispõe de uma comporta amovível para regular o fluxo de água a partir do seu ponto de entrada, como é o caso das zonas melhoradas sob a barragem. Por conseguinte, é muito vulnerável à degradação quando a intensidade do caudal aumenta. Na ausência de instrumentos de cálculo das inundações e de meios técnicos modernos, os agricultores alargam o escoadouro principal como entendem para evacuar as inundações, apesar do risco de o sobredimensionar. Na estação das chuvas, dado o risco acrescido de deterioração, os agricultores limpam regularmente o escoadouro principal. Esta tarefa torna-se ainda mais delicada à medida que a força da corrente de água aumenta. A capacidade de manter uma profundidade aceitável no dreno torna-se a principal preocupação técnica. Sob a pressão da água, os diques podem quebrar-se, permitindo um fluxo de água potencialmente prejudicial para as plantas jovens. O risco é ainda maior quando a inundação dura muito tempo e o caudal atinge uma velocidade que pode provocar o arrancamento das plantas. Para corrigir estas anomalias, os agricultores recorrem a métodos improvisados. Os buracos são preenchidos com areia, tábuas de madeira ou ramos colocados lado a lado (*Foto 5 e Foto 6)*.

***Foto 5: Preenchimento de uma lacuna com tábuas Cliche : BINIE, 2019***
***Foto 6:Preenchimento de uma lacuna com sacos de areia Cliche : BINIE, 2019***

Quando o volume de água é demasiado grande, os agricultores recuam, deixando o nível da água baixar por si próprio antes de reconstruírem os diques danificados. Na estação seca, a tendência é exatamente a oposta. Com reservas de água cada vez mais reduzidas, os agricultores têm de recorrer a técnicas empíricas para reter ao máximo a humidade do solo. Para o efeito, utilizam enxadas. Estas ferramentas são utilizadas para soltar o solo. A técnica consiste em parar a evaporação, que é elevada nesta época do ano e tende a secar o solo, fechando os poros 15 dias após a emergência das plantas. Se necessário, esta operação é repetida de 15 em 15 dias.

Por conseguinte, o aspeto da planície varia com as estações do ano. A sucessão das estações confere ao solo propriedades que determinam a natureza das actividades agrícolas. O principal fator que determina a variação da dimensão das superfícies cultivadas e das culturas é a humidade. Quanto maior for a sua extensão, nomeadamente na estação das chuvas, mais espalhada é a superfície cultivada. Quanto menor for a sua extensão, mais a superfície cultivada se reduz ao sector mais baixo da depressão (*quadro 3* e quadro 4).

*Quadro 4*).

| | Estação seca | | | | | |
|---|---|---|---|---|---|---|
| Segmento de planície | Geon | Solo | Textura | Utilização do solo | Utilização do solo | Regime hidrológico |
| | Metahedral superior | Ferruginoso não lixiviado | Cuirass | Vegetação herbácea xerófila | Não cultivado | Escoamento insignificante |
| | Baixo Mdtaedre | Ferruginoso, com baixo teor de lixívia | Argila arenosa | Árvore de Savane | Arboricultura | Sem escoamento |
| | Infraedro | Ferralítico | Argila arenosa | Vegetação herbácea | Cultivo de vegetais | Fluxo breve |
| | Cataedre | Ferralítico | Vidro argiloso | Húmus | Arroz | Fluxo breve e intermitente |

**Quadro 3: Organização do segmento das terras baixas na estação seca**

| | Época das chuvas | | | | | |
|---|---|---|---|---|---|---|
| Segmento de planície | Gëon | Solo | Textura | Utilização do solo | Utilização do solo | Regime hidrológico |
| | Mëtaëdre supërieur | Ferruginoso não lixiviado | Cuirass | Árvore da savana | Arboricultura | Escoamento intenso |
| | Mëtaëdre inferior | Ferruginoso, com baixo teor de lixívia | Argila arenosa | Vegetação herbácea | Cultivo de vegetais | Escoamento médio |
| | ЫIraëëre | Ferralítico | Argila arenosa | Vegetação herbácea | Arroz | Fluxo intermitente |
| | Cataëdre | Ferralítico | Vidro argiloso | Turfa | Arroz | Fluxo intenso |

**Quadro 4: Organização do segmento das terras baixas na estação das chuvas**

# 10-RESILIÊNCIA A CONDICIONALISMOS BIÓTICOS, ABIÓTICOS E TÉCNICO-ECONÓMICOS

## 10-1- DIVERSIFICAÇÃO DAS CULTURAS

Uma forma de resiliência desenvolvida pelos actores locais consiste em variar as culturas. A utilização dos solos depende das suas propriedades e das estações do ano. Numa zona com múltiplas caraterísticas edáficas e sujeita a um calendário climático evolutivo, definir uma cultura específica para toda a planície significaria uma perda de produção (*Figura 7)*.

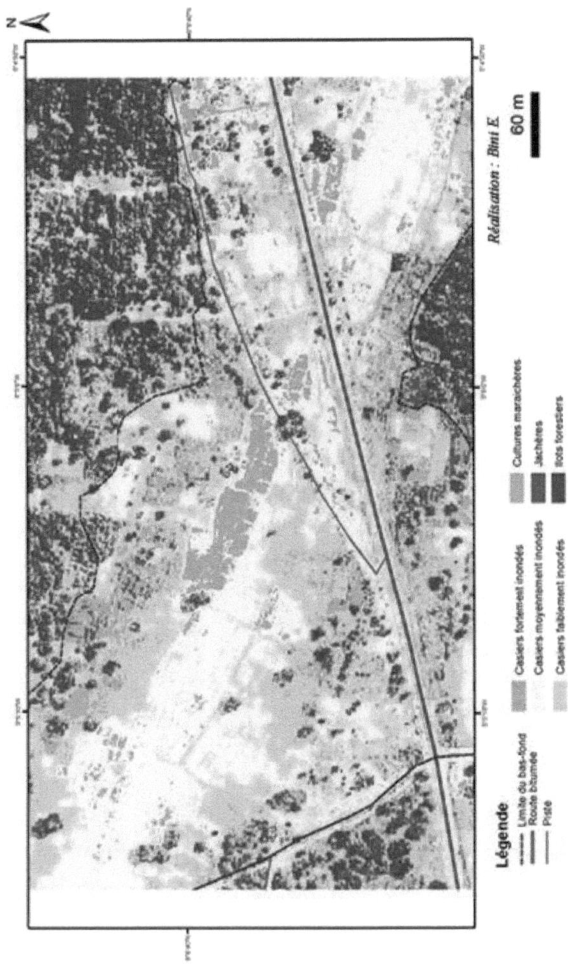


**Figura 7: Cobertura e utilização do solo na sequência de análise inferior**

*Fonte: Google Earth.*

### 10-1-1. Distribuição das culturas por solo

Nas margens ocidentais da planície encontram-se solos ferruginosos cascalhentos isolados. Estes solos estão parcialmente evoluídos e transformados pela erosão. São pouco profundos e têm uma elevada proporção de elementos pedregosos. Nestes solos, o risco de erosão por escoamento é limitado pela permeabilidade associada à presença de seixos. A natureza heterogénea e pouco compactada do solo maximiza a porosidade e, por conseguinte, a infiltração. São utilizados para as culturas de tubérculos, nomeadamente a batata e a mandioca a jusante, e o milho nas encostas (*Foto 8)*.

**Fotografia 8: Solo ferruginoso marcado por material cascalhento**

*Cliché: BINIE, 2019*

Os solos argilo-arenosos e cascalhentos encontram-se nas vias de drenagem abandonadas ou menos utilizadas. Estas vias de drenagem são progressivamente delaminadas devido à obstrução e à difusão subsequente de elementos provenientes do desmantelamento dos estaleiros vizinhos. Os solos destas regiões são mais argilosos em profundidade, mas à superfície caracterizam-se pela presença de sedimentos arenosos ou areno-siltosos. Nestes solos são cultivados o amendoim e o feijão (*Foto Placa 9)*.

**Placa fotográfica 9: Solo areno-argiloso com propriedades antrópicas que favorecem a cultura do amendoim**

*Cliché: BINIE, 2019*

A sudeste da planície, os solos areno-argilosos oferecem condições favoráveis ao desenvolvimento de outros tipos de culturas. A textura destes solos incentiva os agricultores a optarem pela horticultura. Existem parcelas de cebolas, cenouras e couves (*Foto 10)*.

**Placa 10: Solo areno-argiloso com propriedades antrópicas adequado para a cultura da cebola**

*Cliché: BINIE, 2019*

**10-1-2.** A distribuição sazonal das culturas

**10-1-2.1. Culturas de inverno**

O arroz continua a ser a principal cultura de inverno. O primeiro ciclo da cultura inicia-se logo após o aparecimento das primeiras chuvas. O arroz é semeado diretamente, através da plantação de sementes, ou transplantado após algumas semanas. A sementeira ocorre geralmente durante a última década de junho. No entanto, as incertezas climáticas obrigam os agricultores a adiar o período de sementeira até terem a certeza de um período relativamente favorável. Na falta de um motocultivador, a preparação dos tabuleiros para a sementeira é feita à mão. A sementeira em viveiro é geralmente efectuada por mulheres. Por vezes são mulheres da família do orizicultor, mas muito frequentemente são mulheres contratadas por um contrato periódico. Um dia de trabalho custa cerca de 2.000 francos CFA por pessoa. [2]Uma pessoa cobre geralmente 5 a 10 tabuleiros de cerca de 150 m cada num dia. A transplantação de plântulas tem a vantagem de exigir um lençol de água mais baixo. Deste modo, o crescimento das plantas é menos afetado em caso de perturbações invernais marcadas por uma queda ou uma interrupção temporária das chuvas.

**10-1-2.2. Cultura fora de época**

O cultivo fora de época é efectuado durante o período seco, entre dezembro e março. É efectuado em camalhões com rega. A baixa do nível de água nas terras baixas limita a superfície disponível para o cultivo. Além disso, a falta de equipamento agrícola para mecanizar a irrigação acentua as dificuldades nas épocas desfavoráveis. Os agricultores voltam-se assim para as bolsas de depressão ainda húmidas. Estes locais, geralmente situados à beira de charcos ou perto de esgotos, são os que poderão suportar as culturas de horta fora de época. Estas incluem tomates, beringelas e malaguetas. A plantação precoce permite que as plantas aproveitem ao máximo a humidade do solo. O solo é frequentemente coberto com palha ou folhas de palmeira para o manter húmido.

## 10-2- MELHORIA DAS PROPRIEDADES PEDOLÓGICAS

A planície é cultivada há cerca de trinta anos. Quando começou a cultivar, o solo tinha uma boa fertilidade. Isso resultava numa excelente produção no final da estação. Mas ao longo dos anos de agricultura intensa, a fertilidade diminuiu consideravelmente. Atualmente, uma melhor colheita exige um tratamento especial do solo. No início da agricultura, as terras baixas tinham um bom rendimento, mas o cultivo regular reduziu a fertilidade natural do solo. Para ultrapassar este problema, os agricultores viraram-se para os fertilizantes orgânicos e minerais.

### 10-2-1 Contribuição mineral

A fertilização é a principal técnica de enriquecimento do solo com minerais. O seu objetivo é compensar o défice de fósforo nas terras aráveis causado por uma agricultura implacável. Os agricultores também utilizam os adubos para aumentar a produção. Este processo consiste na introdução de princípios químicos imediatamente úteis à vegetação. Além disso, a renovação da água das bacias e a reoxidação parcial permitem igualmente limitar a concentração de ferro, responsável pela sua toxicidade. No entanto, a falta de equipamento adequado torna esta operação difícil e incerta. Por último, o terceiro método consiste na correção das cinzas. As cinzas formam um depósito após a combustão. As cinzas também podem ser produzidas num local isolado, depois recolhidas e deitadas nas parcelas a cultivar.

### 10-2-2. Entrada orgânica

Os solos perdem algumas das suas propriedades quando estão situados em declives ou no eixo de escoamento. Uma forma de manter as suas propriedades é enriquecê-los através da adição de matéria orgânica. Para o efeito, os agricultores utilizam o estrume do gado. O estrume suficiente é adicionado ao solo a partir dos estábulos do gado em contentores especiais. Se for trazido antes da sementeira, o estrume é espalhado por toda a parcela. Em seguida, é agitado no solo para o homogeneizar. No caso das plantas que já se desenvolveram, o estrume é espalhado à volta da planta. Um outro tipo de contributo orgânico consiste em espalhar palha de arroz recolhida na eira. Estas são também misturadas com o solo nas parcelas a cultivar. Após regas periódicas, a palha decompõe-se, formando uma boa reserva de húmus para as plantas. Uma outra técnica consiste em fazer composto a partir de detritos vegetais e animais, e assim adubar. Durante os períodos de inundação, a adição de matéria orgânica bem decomposta permite a complexação de uma parte da alumina.

Uma outra técnica de utilização de insumos orgânicos é o pousio de certas partes das terras baixas. Trata-se de zonas que não são cultivadas devido ao seu baixo rendimento. Por conseguinte, são reservadas durante alguns anos para que a vegetação possa gerar novas reservas orgânicas no solo. Quando os agricultores sentem que uma determinada área está esgotada pelas sucessivas colheitas, restauram alguma da sua fertilidade deixando-a em pousio. Noutros locais, durante esse período, submetem essas áreas a um repouso total ou a um cultivo (gradagem, rolagem, etc.), cujo objetivo é soltar o solo e distribuir melhor o húmus produzido pela decomposição da vegetação por bactérias ou fungos. O pousio, embora benéfico, é raramente praticado na planície de Katiola-Gnomonkaha.

## 10-3- A CONTRIBUIÇÃO DAS ESTRUTURAS APOIO ECONÓMICO E TÉCNICO

### 10-3-1 Uma contribuição significativa até 1980

O arroz sempre desempenhou um papel importante na política agrícola da Costa do Marfim desde 1960. Os agricultores eram abastecidos de factores de produção agrícola e de material de cultivo de arroz pelos organismos de desenvolvimento do arroz (SATMACI, SODERIZ). O seu objetivo consistia igualmente em equipar e supervisionar os agricultores. As instituições financeiras também foram envolvidas. O seu papel principal consistia em criar um sistema de crédito agrícola que permitisse aos agricultores adquirir equipamentos, com subsídios até um determinado nível. Estas instituições também dispunham de contabilidade e eram mantidas pelos lucros das vendas. Além disso, as receitas provenientes da comercialização dos produtos recolhidos eram utilizadas para compensar os custos de produção. Este ambiente favorável manteve-se até aos anos de crise. A situação económica da Costa do Marfim nos anos 80 levou o governo a retirar-se do sector da produção, com a dissolução da SODERIZ. A situação da rizicultura tornou-se ainda mais tensa com as crises políticas e militares a partir de 2002. A 1 de agosto de 2012, o ONDR foi criado por decreto para se encarregar das questões ligadas à rizicultura e dar um novo impulso à rizicultura da Costa do Marfim. A ANADER, por exemplo, coloca à disposição dos utilizadores das terras baixas técnicos suficientemente equipados para prestar apoio local. Quanto ao CNRA, está a trabalhar com outras organizações no desenvolvimento de novas variedades de arroz como "R-Bouake", "8 a 9" e "GT-11". Estas variedades estão a ser desenvolvidas com vista a torná-las mais resistentes às condições ambientais das terras baixas e mais rentáveis, tanto do ponto de vista económico como ecológico. No entanto, o apoio local é fortemente recomendado pelos produtores de arroz, uma vez que a cultura do arroz é a sua atividade principal ou mesmo única. No entanto, muito raramente beneficiam do reforço de capacidades através de assistência externa ou de formação periódica. Por exemplo, muitos deles estão menos conscientes das vantagens de uma organização social baseada no mutualismo. O mesmo se aplica à diversidade das actividades profissionais, nomeadamente a cultura do arroz e a piscicultura.

### 10-3-2 Um mecanismo laborioso para a resiliência financeira

A dissolução dos organismos estatais responsáveis pelo controlo da orizicultura na Costa do Marfim obrigou muitos agricultores a abandonar a cultura do arroz. Para os que permaneceram na atividade durante mais tempo, este facto marcou o início de um longo período de dificuldades em encontrar os recursos financeiros necessários à exploração das terras baixas. Os orizicultores organizaram-se então em cooperativas para reunir os seus esforços em torno de um objetivo comum: a revitalização da atividade orizícola. Na região centro-norte da Costa do Marfim, CORICENTRE oferece aos orizicultores um quadro associativo cujo objetivo é o de se unirem para exercerem a sua atividade de forma mais económica e partilharem os lucros. No plano prático, ajuda os membros a adquirir factores de produção, produtos fitossanitários e motocultivadores, sempre que possível. Na altura da colheita, os produtores trazem os seus produtos para a cooperativa para que possam ser mais bem vendidos, e os custos totais suportados pela cooperativa são deduzidos das receitas. Outro meio de financiamento é o recurso a particulares. Esta prática reduz o poder de compra do agricultor, uma vez que a tonelagem recolhida é apenas suficiente para cobrir os empréstimos contraídos junto destes comerciantes. A falta de apoio das instituições de microfinanciamento ou dos bancos expõe os produtores de arroz aos abusos dos comerciantes. Estes últimos oferecem-lhes empréstimos que eles reembolsam diretamente ao credor através da venda dos seus produtos. Esta venda é efectuada aos comerciantes, geralmente em tempos de abundância. Assim, de acordo com a lei da oferta e da procura, a grande quantidade de arroz disponível no mercado incita o comerciante a reduzir consideravelmente o preço de venda dos orizicultores. Por seu lado, os orizicultores não podem esperar mais tempo e vender em períodos de escassez, porque os seus credores exigem agora o reembolso dos seus empréstimos. Os produtores de arroz são assim vítimas das técnicas perversas utilizadas pelos comerciantes para se tornarem os únicos revendedores no futuro e ficarem com a parte de leão dos lucros. No final, os agricultores ficam financeiramente enfraquecidos ou, nalguns casos, são obrigados a abandonar a cultura do arroz por não poderem pagar as suas dívidas e financiar as suas explorações. A capacidade de resistência do campesinato não é homogénea em todas as zonas (quadro 5). Embora o aspeto social favoreça a solidariedade na utilização das parcelas, os esforços para melhorar a situação são dificultados pela falta de meios financeiros e técnicos.

| ÁREAS | NÍVEL DE RESILIÊNCIA |
|---|---|
| **Integração socioeconómica** | |
| Grupo de trabalho | Estudante |
| Estruturas de gestão | Baixa |
| Fontes externas de financiamento | Baixa |
| **Competências técnicas e capacidade de trabalho** | |
| Tecnologia hidráulica e agrícola | Baixa |
| Novas especulações | Médio |
| Resiliência da atividade orizícola | Estudante |
| **Unidade agrária** | |
| Adaptação espacial | Médio |
| Dinâmica espacial | Baixa |

**Quadro 5: Nível de resiliência dos agricultores por zona**

# 11- SÍNTESE DOS RESULTADOS E PRINCIPAIS BENEFICIÁRIOS

## 11-1- RESUMO DOS RESULTADOS

O objetivo final do estudo é obter resultados concretos que permitam uma melhor compreensão dos problemas associados ao relevo das terras baixas. Os resultados apresentados têm um carácter demonstrativo. O objetivo é obter elementos que nos permitam, através de SIG, modelar a forma como estes problemas se materializam neste tipo de áreas (Quadro 6). Os resultados deste estudo são também de natureza factual. Através da observação e da análise dos mecanismos de adaptação das populações locais, procurámos elaborar modelos que atestam o possibilismo.

A análise integrada dos dados físicos e antrópicos que interagem neste espaço permitiu-nos elaborar um modelo concetual de dados (MDD). Este modelo procura tornar mais explícita a perceção do objeto do presente estudo, começando por identificar as diferentes entidades presentes, os seus atributos e as relações que existem entre essas entidades, justificando a importância de analisar o ambiente através de uma abordagem sistémica.

## 11-2- PRINCIPAIS BENEFICIÁRIOS

A investigação aplicada é uma investigação que tem por objetivo colocar os seus métodos ao serviço das populações, centrando-se nas suas preocupações e dando-lhes respostas. Por conseguinte, os principais beneficiários deste estudo são os agricultores que utilizam as terras baixas. Mas há também outros beneficiários. Os organismos estatais, administrativos e universitários estão cada vez mais interessados no apoio científico à tomada de decisões. Os resultados que apresentamos pretendem dar uma modesta contribuição ao sector orizícola. Além disso, a interpretação correta dos resultados cartográficos e geográficos relativos à vulnerabilidade das planícies aos fenómenos geomorfológicos é essencial para uma tomada de decisão precisa no desenvolvimento das planícies.

Além disso, a metodologia utilizada e as formas de adaptação identificadas podem ser reproduzidas noutras regiões nacionais ou sub-regionais com caraterísticas mais ou menos idênticas às do meio estudado (*Figura 8*).

| NATUREZA DA RESTRIÇÃO | ORIGEM E CAUSA | EFEITO DO PRODUTO | IMPLICAÇÕES PRÁTICAS | CORRECÇÃO CAMPONESA |
|---|---|---|---|---|
| Predominantemente argiloso (argilo-arenoso, argiloso, silto-argiloso) | Depósitos aluviais quaternários | Bloqueio Fissuras de secagem | Custo elevado da instalação | Abertura / Fecho de válvulas de irrigação Capina motorizada |
| Predominância de areia (areno-argilosa, areno-lamosa) | Depósitos aluviais quaternários | Permitibilidade das camadas subjacentes | Custo elevado da construção de reservatórios agrícolas | Enchimento de argila Fortificação de dique |
| Carga pesada nos rios e lagos | Degradação das encostas circundantes (desflorestação, utilização de pesticidas) | Enchimento de valas e baixios com materiais sedimentares Poluição por Aumento da turvação após lixiviação de pesticidas Instabilidade morfológica dos leitos dos rios Aumento da alite torrenti | Dificuldades acrescidas no desenvolvimento de tomadas de água para irrigação Escassez de água em níveis baixos e diminuição da qualidade devido ao aumento das concentrações de pesticidas Dificuldades de utilização/controlo dos caudais de cheia, que também provocam inundações. | Limpeza periódica Reforço das paredes Passividade / Purificação Abrandamento das actividades agrícolas Reforço de canais e muros com materiais improvisados |

**Quadro 6: Quadro do modelo sistémico de análise das condicionantes geomorfológicas**

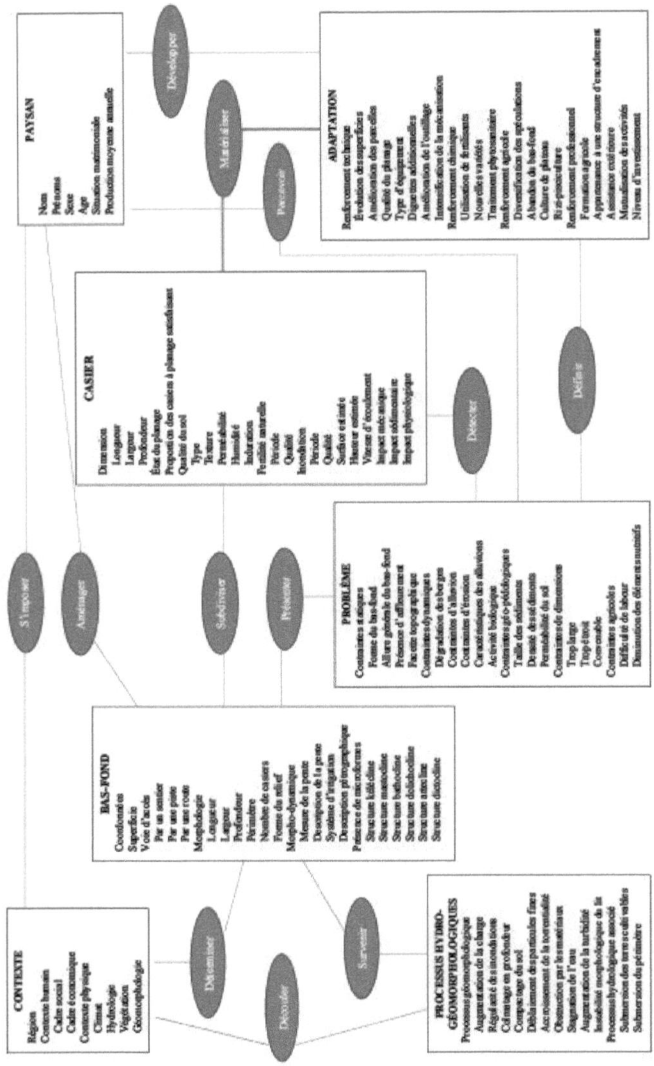


**Figura 8: Modelo concetual para a análise integrada das terras baixas**

# CAPÍTULO 4: DEBATES

## 12- OS BENEFÍCIOS DA ESPECIALIZAÇÃO TÉCNICA PARA OS UTILIZADORES DE FUNDO - FUNDO

Os resultados obtidos neste estudo estão em consonância com os de investigadores que se debruçaram sobre outras áreas. Por exemplo, no Benim, Atidegla *et al* (2017, p.15) concluíram que os produtores de arroz iniciam várias estratégias de adaptação, incluindo a conservação da humidade do solo durante a época de produção. Mas a resiliência é fraca e menos adaptativa.

Os problemas de origem geomorfológica identificados na planície de Katiola-Gnomonkaha são proporcionais à qualidade do desenvolvimento do sítio. De facto, a ausência flagrante de equipamentos modernos atrasa a preparação dos solos. Num contexto em que o calendário climático é incerto e os condicionalismos geomorfológicos pesados, o baixo nível técnico dos agricultores expõe-nos a enormes dificuldades agrícolas. Para ultrapassar estas dificuldades, é essencial que a modernização agrícola e o desenvolvimento e utilização de máquinas motorizadas se enraíze.

Atualmente, os serviços motorizados são caros. Por conseguinte, a maior parte dos produtores de arroz não pode utilizá-los e muito menos equipá-los. O baixo poder de compra dos utilizadores das terras baixas explica esta situação. A agricultura, em todas as suas formas, deve ser modernizada para acompanhar o crescimento demográfico. Caso contrário, a produção seria insuficiente. Os trabalhos que efectuámos confirmam as conclusões de Konate L. (1996). Segundo ele, o baixo nível de tecnologia hídrica utilizado pelos agricultores das terras baixas explica a estreiteza das superfícies cultivadas e a uniformidade dos métodos de desenvolvimento. O mesmo padrão é encontrado em todo o lado: a cultura do arroz na estação das chuvas e a horticultura de mercado na época baixa (p.169).

A aglomeração de Katiola, devido à sua localização planáltica, beneficia de um relevo que incorpora várias zonas baixas de dimensões variáveis. Esta oportunidade natural poderia ser plenamente explorada em termos de produtividade agrícola, no âmbito da política de segurança alimentar do governo. Uma forma de o conseguir seria também eliminar os obstáculos geomorfológicos a montante do desenvolvimento, ou seja, durante o desenvolvimento das terras baixas. Assim, o arroz só será mais produtivo na região quando os agricultores tiverem dominado todos os condicionalismos geomorfopedológicos associados aos locais de produção.

# 13- A ABORDAGEM PARTICIPATIVA DA AGRICULTURA DE PLANÍCIE

A política de importação resultou em pouca proteção para os produtores locais. Uma abordagem eficaz deve encorajar a reunião de todos os actores envolvidos na agricultura das terras baixas. É por isso que uma utilização mais rentável das terras baixas exige um bom conhecimento destes ambientes (Seydou O., 2009, p.40). Mas a aquisição deste conhecimento sob a forma de dados requer a utilização de ferramentas mais adequadas. Assim, a utilização de um Sistema de Informação Geográfica é uma ferramenta apropriada para uma gestão mais eficiente das terras baixas. A tomada em consideração desta ferramenta leva-nos à mesma conclusão que Seydou (op. cit.), que reconhece que o Sistema de Informação Geográfica (SIG) foi utilizado como uma ferramenta adaptada ao problema e que permite uma melhor abordagem à tomada de decisões. No entanto, esta ferramenta deve ser utilizada de forma a alargar os parâmetros a ter em conta na análise das terras baixas. Por outras palavras, deve ser integrado num sistema que tenha em conta os problemas de degradação dos solos, a redistribuição da água e o desequilíbrio do sistema de cultivo das encostas (Konate L., 1996, p.169). Para além de Katiola, um mapeamento em grande escala do potencial das terras baixas da Costa do Marfim poderia ajudar a definir as acções e responsabilidades necessárias para otimizar o valor económico destes sistemas sócio-ambientais. O objetivo de tornar a Costa do Marfim autossuficiente em arroz está ao nosso alcance. Para isso, o país precisa de construir uma agricultura de produção alimentar competitiva e sustentável, baseada na combinação de três factores: tecnologias de alto desempenho, infra-estruturas de base adequadas e um ambiente biofísico saudável e bem controlado.

É, pois, indispensável uma abordagem participativa e multi-setorial. Na medida em que a Costa do Marfim beneficia de um certo número de vantagens, nomeadamente um clima geralmente favorável à agricultura, uma longa tradição de cultivo do arroz por certas populações rurais, vastas superfícies de arroz cultiváveis mas ainda inexploradas ou subexploradas, a existência de novas variedades e de técnicas de cultivo melhoradas e de elevado rendimento, é necessária uma boa sinergia entre todos os actores da cadeia de produção, transformação e comercialização. Além disso, todos os elos da cadeia devem ser envolvidos na investigação multidisciplinar, no âmbito, evidentemente, da política governamental, que conheceu uma inovação com a criação de um ministério exclusivamente responsável pela cultura do arroz na Costa do Marfim, em 4 de setembro de 2019. Este é um bom augúrio para o futuro no que respeita à melhoria da gestão das terras baixas para favorecer a cultura do arroz nas zonas sujeitas a inundações.

## CONCLUSÃO

A agricultura é um pilar da economia da Costa do Marfim. Permitiu à Costa do Marfim afirmar-se na cena internacional graças às suas numerosas riquezas naturais e à sua produção. Mas com uma população em crescimento acelerado, um mercado internacional altamente competitivo e uma procura humana cada vez maior, a necessidade de alimentos não pára de aumentar. O arroz é um dos géneros alimentícios mais consumidos no mundo. Isto exige que toda a arquitetura agrícola seja concebida até ao mais ínfimo pormenor, desde os factores biofísicos, passando pelos parâmetros de produção e consumo, até aos factores de mercado. Se quisermos alcançar a autossuficiência nacional em arroz, ou mesmo a segurança alimentar, temos de dominar todos os aspectos da produção de arroz. Isto significa desenvolver normalmente todas as zonas de planície, de modo a que possam ser utilizadas para o cultivo de todas as culturas alimentares e hortícolas fora de época. Esta abordagem permitiria eliminar todos os constrangimentos biofísicos a montante, que até agora têm sido um fator importante na produtividade das terras baixas do país, bem como os constrangimentos políticos, técnicos e sociais.

A planície de Katiola-Gnomonkah concentra quase todos os problemas com que se confrontam os produtores de arroz da região de Hambol, nomeadamente a falta de controlo dos condicionalismos geomorfológicos. Estes condicionalismos, estáticos e hidrodinâmicos, podem ser resumidos num problema complexo: o do controlo da água em sítios cujo desenvolvimento está praticamente inacabado.

As zonas de planície caracterizam-se por uma dinâmica hidrológica específica. O ritmo das estações, a quantidade de precipitação e o relevo pouco acentuado contribuem para a distribuição da rede hidrográfica nas terras baixas. Estes factores contribuem para aumentar o seu enchimento aluvial.

A geomorfologia do meio aumenta a carga sedimentar da água e impõe micro e meso-modelos. Isto, por sua vez, afecta o sistema hidráulico, conduzindo a problemas de controlo da água. Nas terras baixas, a dinâmica do meio impõe-se e torna vulneráveis as formas de exploração agrícola. No entanto, para manter as suas actividades, os agricultores estão constantemente a desenvolver técnicas de resiliência que devem ser destacadas.

Tanto para o arroz como para as culturas inundadas, os solos de planície apresentam limitações agronómicas. A extensão destes constrangimentos varia em função das propriedades edáficas, das variações climáticas e da natureza das culturas. Os agricultores são constantemente confrontados, de uma forma ou de outra, com constrangimentos relacionados com a terra. E, apesar dos seus melhores esforços, raramente conseguem ultrapassá-los de forma satisfatória. Como é que o podem fazer sem a ajuda da investigação e de soluções técnicas testadas e comprovadas? É este o cerne das reflexões do estudo, que nos permitiram abordar a problemática da adaptação dos agricultores aos constrangimentos geomorfológicos nas terras baixas melhoradas e utilizadas fora das barragens, através de uma abordagem holística.

Assim, o impacto da geomorfologia na produtividade das terras baixas é uma realidade.

## REFERÊNCIAS BIBLIOGRÁFICAS


ADJANOHOUN Edouard, (1964): *Vegetation des savanes et des rochers decouverts en Cote d'Ivoire Centrale*. O.R.S.T.O.M., PARIS 238p.

ALBERGEL Jean, CASENAVE Alain, RIBSTEIN Pierre, VALENTIN Christian (1992) : *Aridite climatique, aridite edaphique : etude des conditions de I'infiltrabilite en Afrique tropicale seche*, In E. Le Floch, M. Grouzis, A. Cornet, J.-C. Bille, L'aridite : une contrainte au developpement, ORSTOM, pp123-130.

ALBERGEL Jean, LAMACHERE Jean Marie (1993) : *Typologie*, In Mise en valeur agricole des bas-fonds au sahel, J. Albergel et J.M. Lamachere Eds, pp.233248.

ALBERGEL Jean, PEREZ Pascal (1993): *Bas-fonds et riziculture Antananarivo,* 9-14decembre1991 CIRAD, p155-164.

ASSI Kaudjhis Joseph (2008): Crise agrária e reconversão dos fundos de base pela rizicultura no centro-oeste da Costa do Marfim: aspectos da implicação das mulheres, *Revue de Geographie Tropicale et d'Environnement*, n° 2, pp. 20-36.

ASSOUMAN Serge Fidele, SYLLA Daouda, KOLI Bi Zueli, (2015): *Exploitation agricole des bas-fonds de Nanbamkaha, dans la plaine alluviale du Bandama (NORD DE LA COTE D'IVOIRE)*, Revue de Geographie de I'Universite de Ouagadougou, N° 04, Sept. 2015, Vol. 2, pp115-133.

ATIDEGLA Seraphin, KOUMASSI Herve Degla, MOUZOU Toyi, HOUSSOU Senan (2017*): Variabilidade climática e produção de arroz no Bas-Fond de Dokomey, Benin*, In J. Rech. Sci. Univ. Lome (Togo), pp. 259-276.

BAH Alpha Oumar, SOUMAH Marie-Jeanne, BEAVOGUI Sekou, KOUROUMA Ismael, KABA Aboubacar, DIALLO Mamadou Tolo (2017): *Programme d'amenagement integre des ecosystemes bas-fonds / versants pour une resilience accrue aux changements climatiques,* CTCN, Ministere de 1'Environnement, Republique de Gurnee, 20p.

BERTRAND Georges, (1978): *Le paysage entre la Nature et la Societe*. Rev. Geogr. Pyrenees Sud-Ouest, 49 (21): 239258.

BOUZOU Ibrahim Moussa, MAIGA Oumarou Faran, AMBOUTA Jean-Marie, SARR Benoit, DESCROIX Luc, ADAMOU Mahaman Moustapha (2009): Les consequences geomorphologiques de l'occupation du sol et des changements climatiques dans un bassin-versant rural sahelien, *Secheresse* vol. 20, no. 1, janeiro-fevereiro-março de 2009, pp.145-152.

BROU Yao Telesphore (2005): *Climat, mutations socio-economiques et paysages en Cote d'Ivoire*, Memoire de synthèse des activites scientifiques presente en vue de l'obtention de 1'Habilitation a Diriger des Recherches, Universite des Sciences et Technologies de Lille, 226p.

CECCHI Philippe (1992): Les petits barrages du nord de la Cote d'Ivoire a l'heure du bilan, *L'eau en partage*, pp.261-284.

CECCHI Philippe, WONGBE Alexis Yte, (1992) : L'etude pluridisciplinaire des petits barrages du nord de la Cote d'Ivoire : justification et strategie mise en reuvre, *L'eau enpartage*, pp.17-41.

CHALEARD Jean-Louis (1988): La place des cultures vivrieres dans les systemes de production en agriculture de plantation : le cas du departement d'Agboville (Cote d'ivoire), *Cah. Sci. Hum.* 24 (1), pp.35-49.

CHERON Christian (1991) : *Methodes d'intervention pour l'amenagement des bas-fonds en Guinee*, In Michel Raunet, Bas-fonds et riziculture, pp.437-450.

CHOROWICZ Jean, DEROIN Jean-Paul, (2003): *Bilan Diagnostic, strategies et perspectives de développement département de Katiola*, 53 p., Conseil Generale du Departement de Katiola.

COULIBALY Talnan Jean Honore (2009): *Repartition spatiale, Gestion et Exploitation des eaux souterraines : cas dupartement de Katiola, region des savanes de Cote d'Ivoire,* Sciences de 1'Information Geographique, Universite Paris Est, 141p.

DABIN Bernard e MAIGNIEN Roger (1979) : *Les principaux sols d'Afrique de I'Ouest et leurspotentialites agricoles*, 15 au 19 octobre 1979 au Nigeria tire de Cah. ORSTOM, SER, Pedol, vol. XVII, n O4.1979, pp.235-257.

DANVI Celestin (1995): *L'amenagement des bas-fonds rizicoles*, Ecole inter-etat des techniciens superieurs de l'hydraulique et de l'equipement rural, Ouagadougou, 66p.

DEPIEU M. E., AROUNA A. DOUMBIA Sekou (2017): Analyse diagnostique des systemes de culture en riziculture de bas-fonds a Gagnoa, au centre ouest de la Cote d'Ivoire, *Agronomie Africaine* 29 (1), pp.79-92.

DEVINEAU Jean-Louis, SERPENTIE Georges (1991) : Projet SALT: Paysages vegetaux et systemes agraires au Burkina Faso, In Marcel Pouget Ed, *Caracterisation et suivi en milieux terrestres des régions arides et tropicale*, Paris, Orstom, pp.373-386.

DIAGNE Aliou, KONE Miaman, SYLLA Kalilou, TOURE Ali (2004) : *Politique rizicole et impact de la libéralisation de la filiere riz en Cote d'Ivoire*, "Seminaire de formation sur les NERICA" Abidjan, 23p.

DIRECTION DE LA PROGRAMMATION ET DE LA PROSPECTIVE/MAEP (2001): *Contribution du secteur rural au document de strategie de réduction de la pauvrete (DSRP)*, Diretion de la programmation et de la prospective, Ministere de 1'agriculture, de I'elevage et de la peche, Benin, 89p.

FAHO Theophile (1995) : *Enjeux de la lutte antierosive face au dilemme de la demographie galopante et au retrecissement des terres cultivables dans le centre-est du BURKINA,* In E. ROOSE Ed, Environnement humain de l'erosion, Bulletin reseau Erosion N°15, ORSTOM, pp.44-58

GEOMINES (1982): *Inventaire hydrogeologique applique a l'hydraulique villageoise. Ministério dos Trabalhos Públicos e dos Transportes*. Diretion centrale de l'hydraulique, republique de Cote d'Ivoire, Carte de Katiola, Cahier n° 11, 24 pp.

INSTITUT NATIONAL DE LA STATISTIQUE (2000) : Statistique de la population du Recensement General de la Population et de l'Habitat RGPH 1998.

Grupo de Trabalho da IUSS WRB (2015): *Base de referência mundial para os recursos do solo 2014, Atualização 2015. Sistema internacional de classificação de solos para nomear solos e desenvolver legendas para mapas pedológicos*. Relatório sobre os Recursos Mundiais do Solo No. 106. FAO, Roma, 216p.

JOUVE Philippe (1992): *Strategies des societes et des Etats*, in E. Le Floch, M. Grouzis, A. Cornet, J.-C. Bille, L'aridite : une contrainte au developpement ORSTOM, pp.467-472.

KAFILATOU Souberou, AGBOSSOU Euloge, OGOUWALE Euloge (2017) : Inventaire et caracterisation des bas-fonds dans le bassin versant de l'Oti au Benin a 1 aide des images Landsat et ASTER DEM, *International Journal of Environment, Agriculture and Biotechnology (IJEAB*), Vol-2, pp. 1601-1623.

KILLIAN Jean, TEISSIER Jacques (1973) : Methode d'investigation pour l'analyse et le classement des bas-fonds dans quelques régions de l'Afrique de l'Ouest Proposition de classification d'aptitude des terres a la riziculture. Agro. Trop, pp. 156-172.

KOLI Bi Zueli (1999): Potentialites des paysages geomorphologiques et dynamique de l'occupation du sol dans le Centre-Nord ivoirien, In Cahier nantais n°51, *Geographie ivoirienne,* Institut de geographie et d'amenagement regional-Universite de Nantes, pp. 117-129

KOLI Bi Zueli (2014): *Perspectivas oferecidas pelo uso da análise multivariada e sig numa análise integrada de paisagens geomorfológicas,* Revue de Geographie Tropicale et d'Environnement, n° 2, 11p.

KONATE Lamine (1996): *Les bas-fonds dans le reseau hydrographique du fleuve Gambie : cartographie, regime hydrologique, valorisation agricole et typologie,* Universite Cheikh Anta Diop Dakar, These de Doctorat, Geographie physique, 207p.

LAVIGNE Delville, BOUCHER Luc (1996): Les bas-fonds en Afrique tropicale humide strategies paysannes, contraintes agronomiques et amenagements, In Pichot et al eds. *Fertilite du milieu et stratégies paysannes sous les tropiques humides*, actas do seminário internacional, CIRAD, pp. 148-161.

LESPEZ Laurent, BALLOUCHE Aziz (2009): *Paisagens ao lado da água: o objeto, o sentido e as suas trajectórias. (Paisagens ao lado da água: o objeto, o sentido e as suas trajectórias)*. In Bulletin de l'Association de geographes frangais, 86e annee, 2009-1 (mars). Paysages au fil de l'eau/ Le patrimoine geomorphologique. pp. 3-11.

MINISTERE DES EAUX ET FORETS (2017): La foret, une priorite du gouvernement, Magazine d'informations du Ministere des Eaux et Forets, N°1 / Octobre 2017, 40p.

NGAMINE Jean (1999): *L'erosion hydrique sur le terroir de Tchanar : une menace pour la durabilite des systemes de culture*, L'influence de 1 homme sur l'erosion, In E. Rosse Ed, Bulletin reseau erosion No 19 Montpellier France, pp.247-257.

NOVA PARCERIA PARA O DESENVOLVIMENTO DE ÁFRICA (2005) : *Profil de projet d'investissement bancable : Projet d'amenagement des bas-fonds a participation communautaire,* Appui a la mise en reuvre du NEPAD- PDDAA, Gouvernement de la Republique de Cote d'Ivoire, 28p.

ORSTOM (1987): *Actes du scminaire 21-27 Janvier 1986*, Douala (Cameroun). Editions de I', Coleção Colloques et Seminaries Paris.

OUATTARA Seydou, (2009): *Identification des zones favorables aux cultures de bas-fonds dans le bassin du fleuve Bani au Mali et en Cote d'Ivoire*, Institut International d'Ingenierie de l'Eau et de l'Environnement (2IE) juin 2009, 44p.

PEREZ Pascal, SENE Modou (1995) : *Evolução das estruturas agrícolas e erosão no sud-saloum (SENEGAL*), In E. ROOSE Ed, Environnement humain de l'erosion, Bulletin reseau Erosion N°15, ORSTOM pp.59-68

PIBOT Alain (1996): *Etude de cas : projet de lutte contre l'erosion en zone sahelienne*, In E. Roose Ed, Etat de surface du sol et risques de ruissellement et d'erosion, Bulletin reseau erosion No 16 Montpellier France, pp. 197-206.

POSS Roland, SABATHE Robert (1982): *Estudo das aptidões culturais da região de Katiola para as culturas pluviais anuais, mecânicas, em associação intensiva*, nota explicativa nº 94, ORSTOM, PARIS, 34p.

POSS Roland (1982): *Etude morpho-pedologique de la region de Katiola*, Notice explicative No 94, ORSTOM, PARIS, 145p.

RAUNET Michel (1985): Bas-fonds et riziculture en Afrique Approche structurale comparative, In *L'agronomie tropicale*, pp.181-201.

ROOSE Eric (1999): *Evolution historique des strategies de lutte antierosive*, L'influence de l'homme sur l'erosion, In E. Rosse Ed, Bulletin reseau erosion No 19 Montpellier France, pp.11-25.

SERPANTIE Georges, TEZENAS DU MONTCEL Laurent, VALENTIN Christian (1992): *La dynamique des etats de surface d'un territoire agropastoral soudano-sahelien,* In E. Le Floch, M. Grouzis, A. Cornet, J.-C. Bille, L'aridite : une contrainte au developpement ORSTOM, pp.419-447.

SIDIBE Aminata, DJOURARA Hamady, SANOGO Zana Jean Luc, (2004): *Impact de la riziculture de bas-fonds sur la réduction de la pauvrete des femmes rurales de la region de Sikasso: cas des villages de Sola (Cercle de Bougouni) et de Ouatialy (Cercle de Kadiolo)*, 17p.

SITAPHA Diatta, (1996) *Les sols de bas versant sur granito-gneiss en region centrale de la cote d'ivoire : organisation toposequentielle et spatiale, fonctionnement hydrologique : conséquences pour la riziculture*, These presentee a l'universite de Nancy I,198p.

TOURE Augustin Tiyegbo (1999): Les terroirs de bas-fond de la region de Katiola. Quelle contribution au developpement rural? In Cahier nantais n°51, *Geographie ivoirienne,* Institut de geographie et d'amenagement regional - Universite de Nantes, pp. 151-157.

VIZIER Jean-Francois, DE GIUDICI, RAUNET Michel (1990) : *Etude physico-chimique des sols d'un bas-fond sur les hautes terres de Madagascar : consequences pour la riziculture.* Edits: 30 de novembro de 1990, pp.171-177.

ZOMBRE Prosper (1992): Caracterisation morphologique des bas-fonds dans la province du Yatenga, In *programme de recherche en vue de la mise en valeur des bas-fonds au sahel,*

MIX
Papier aus verantwortungsvollen Quellen
Paper from responsible sources
FSC® C105338

Printed by Books on Demand GmbH, Norderstedt / Germany